U0175150

世界高端文化珍藏图鉴大系

世界名表

（修订典藏版）

伊　记／编著

辽宁美术出版社

图书在版编目（CIP）数据

世界名表：修订典藏版 / 伊记编著. — 沈阳：辽宁美术出版社，2020.11
（世界高端文化珍藏图鉴大系）
ISBN 978-7-5314-8580-3

Ⅰ. ①世… Ⅱ. ①伊… Ⅲ. ①钟表－世界－图集 Ⅳ. ①TH714.5-64

中国版本图书馆CIP数据核字（2019）第271312号

出 版 者：辽宁美术出版社
地　　址：沈阳市和平区民族北街29号　邮编：110001
发 行 者：辽宁美术出版社
印 刷 者：北京市松源印刷有限公司
开　　本：787mm×1092mm 1/16
印　　张：18
字　　数：250千字
出版时间：2020年11月第1版
印刷时间：2020年11月第1次印刷
责任编辑：彭伟哲
封面设计：胡　艺
版式设计：文贤阁
责任校对：郝　刚
书　　号：ISBN 978-7-5314-8580-3
定　　价：128.00元

邮购部电话：024-83833008
E-mail:lnmscbs@163.com
http://www.lnmscbs.cn
图书如有印装质量问题请与出版部联系调换
出版部电话：024-23835227

前言
PREFACE

随着人们消费水平的提高，越来越多的人开始把目光投向名表。特别是近几年，国外不少名表企业开始重视中国市场。一时间，市场上的钟表琳琅满目，花样层出不穷，让消费者应接不暇。

可以说，大多数中国人对于名表的认识，是在近十年才慢慢提升的。回顾过去的几年，感觉新表不少，呈现出很好的发展势头，钟表行业开始渐入佳境。因为市场的需要，越来越多的钟表品牌大展身手，不断推出新表款。在这些表款当中，有技术精湛者、构思巧妙者、珍奇奢华者、朴实简雅者。加上新型材料的应用和制表工艺的不断提高，新奇的表款层出不穷。这一切，都好像是在为不景气的世界经济注入强心剂，使人感到钟表世界空前繁荣。

纵观过去百年，不论是由简洁入奢华，还是由简单到复杂，在当今钟表行业当中，最具竞争力的还是瑞士名表和德国名表。这两个国家，它们的制表工艺，代表着世界最高制表水平。瑞士钟表制造商当中，有经久不衰的百达翡丽、富有浪漫气息的江诗丹顿等；在德国众多的制表厂商当中，当属朗格和格拉苏蒂最为出色，可比肩瑞士表在世界上的地位。

前言 PREFACE

为了方便广大表迷，本书特意从世界范围内挑选出最具代表性的钟表品牌。在介绍所有钟表时，本书从不同的方面给出表款的参数，让人一目了然。此外，本书还特地参考了很多资料，对各品牌的历史、特点等信息做了详尽介绍。本书不仅内容丰富实用，而且印刷精美，非常适合钟表爱好者、收藏者以及时尚人士阅读和收藏。

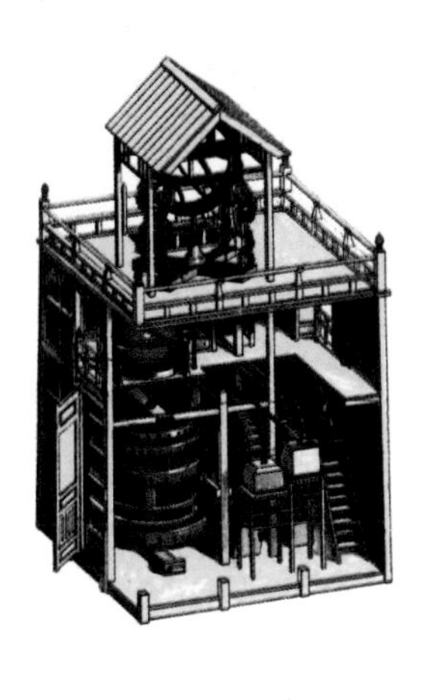

CONTENTS

目 录

PIAGET

钟表进化史

——走进时间的殿堂

在钟表被发明之前，我们的祖先就已经开始利用各种办法来度量时间。如利用太阳投射的影子来判断时间的日晷、使用沙子来度量时间的沙漏，有人把它们分别称为“太阳钟”和“沙钟”。然而，这些都不在钟表范畴之内，因为钟表计时的原理是通过能够产生振动周期的装置来度量时间。

早期的天文计时器

在《中国科学技术史》中，英国科技史学家李约瑟讲述了一段被掩埋了将近6个世纪的历史。他在文中提到，在17世纪初西方钟表进入中国之前，中国人自己装配的“擒纵机构”的雏形就已经出现。

1088年，宋代科学家苏颂和韩工廉等人制造了一台名叫“水运仪象台”的天文观测仪。水运仪象台将“浑仪”“浑象”以及机械计时器完美地组合在了一起。水运仪象台分上、中、下三层：上层放浑仪，专门用来进行天文观测；中层放浑象，专门用来模拟天体运转；下层为心脏部分，计时、报时、动力源均在该层。水运仪象台在世界钟表史上有着重要的意义，由此我国一些著名制表大师、古董钟表收藏家等曾提出了“中国人开创钟表史——钟表是中国古代五大发明之一”的观点。

复原的水运仪象台结构示意图

机械钟

14 世纪初，意大利、英国、法国等欧洲国家的教堂出现了机械报时钟。这时候的机械钟，获取动力的方法就是用绳索悬挂重物，利用地球的重力作用带动钟表运转，主要采用的是“机轴擒纵机构”。当时，最具代表性的钟有意大利人 Glovannide Dondi 于 1364 年在帕维亚建造的天文钟，1386 年建造的英国 Salisbury 教堂钟，以及 1389 年制造的法国 Rouen 大钟等。

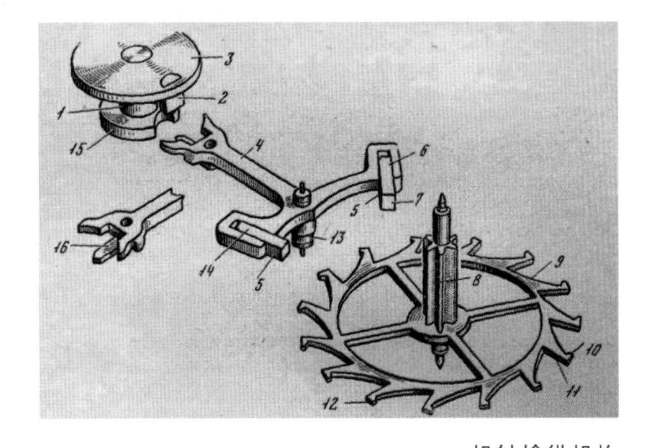

机轴擒纵机构

15 世纪中期，人们发明了铁制发条，使体积庞大的钟有了新动力。铁质发条的发明，为钟的小型化创造了客观条件。1459 年，法国制钟匠为查理七世制造出了世界上第一台发条钟。1525 年左右，Jacob Zech 也制造了具有均力圆锥轮装置的便携式发条钟。

惠更斯

1656 年，荷兰科学家惠更斯根据伽利略的钟摆理论设计出了“钟摆”；第二年，年轻的钟匠 Salomonoster 在惠更斯的指导下制作出了第一个摆钟。而惠更斯则在 1675 年发明了“游丝”。游丝的发明，为制造便携式怀表奠定了技术基础。

有摆轮装置的机芯

表的诞生和发展

15世纪后半期，在意大利出现了表。到16世纪初，法国、德国也相继出现了表，其中最为著名的当属德国的“纽伦堡蛋”(Nuremberg Egg)。纽伦堡蛋具有卵状外观，且只有一根时针。

其实，这个时期所谓的表，只是一种应用了发条动力以及机轴擒纵机构的小型计时器。不过，这已经形成了怀表的雏形。

从16世纪中期开始，金属摆轮逐渐代替以往位于机轴上的调速装置——摆杆。因此，在17世纪早期的表中就能够看到机芯内转动的摆轮装置。

现代工艺下的陀飞轮结构

18世纪是怀表史上的一个黄金时期，这个时期很多大师的发明被应用到各类作品当中。在英国，John Harrison制造出了精密的航海计时器，把怀表的走时精度推到了一个全新的高度。为了适应走时准确度，人们开始将秒针运用到怀表设计当中。

1704年，Jacob Debaufre和Nicolas Fatiodi Duillier首创的宝石轴承减小了机芯中齿轮和夹板之间的摩擦力。1760年，Jean Antoine Lepin制作了一种机芯。这种机芯将传统的多层夹板结构大大瘦身，使得怀表变得更薄，历史上把这种机芯称为“Lepine机芯”。1770年，瑞士的钟表工匠Abraham-Louis Perrelet发明能够自动上条的机械时计。这个时期，还诞生了著名的钟表大师——Abraham-Louis Breguet。他在18世纪末发明了“陀飞轮”结构，在过去的200多年里，该结构一直被认为是最复杂的钟表机械装置。

1725年，英国人George Graham改良了“工字轮擒纵机构”，该机构一直被用到20世纪早期。1730年，Jean-BaPtiste Dutertre发明了“复式擒纵机构”。1754年，英国人Thomas Mudge发明的“英国叉式擒纵机构”进一步提高了怀表计时的精确度。如今，人们使用的机械表中的擒纵机构就是以他的发明为雏形的。

Leroy01 怀表

1776年，法国制表大师Frederic Japy率先采用机器生产机芯的基板。进入19世纪工业革命时期后，Georges-Auguste Leschot采用名为“Pantograph”的机器批量生产钟表零件，这使得钟表零件的标准化成为可能。

由于制表师们的不断努力以及制造技术的成熟，怀表的体积、精确度与早期相比都有了很大改进。此外，怀表机械也能够在计时基础上运用更多的特殊功能，如独立计时、打簧报时、万年历、响闹、世界时区等。1900年，在巴黎举行的世界博览会上，“Leroy01”超级复杂怀表获得了博览会大奖，其25项特殊功能的完美组合使其成为当时世界上最复杂的怀表。

腕表年代的到来

19世纪后半叶开始，女性的手镯或项链上出现了一些被特意安装上去作为装饰品的怀表。当时，人们把它当作一种装饰，并没有人意识到它会成为以后腕表的雏形。进入20世纪后，随着钟表制作工艺的提高以及科技的巨大变革，腕表的地位渐渐呈现出来。

20世纪初，在一些特殊领域，人们对于时间的需求变得比以前更加迫切。在医院里，为了能够更好、更快速地掌握时间，护士把小号怀表挂在胸前。第一次世界大战期间，战争不再给人们把怀表从口袋里掏出的时间，为此，一些钟表厂家开始把怀表生产成为能够系在手腕上的款式，使表更加具有实用性和方便性。

1926年，劳力士表厂制造出了世界上第一块完全防水的腕表表壳。第二年，英国女性Mercedes Gleitze佩戴着这类表横渡英吉利海峡的壮举使人们开始对腕

现代工艺下的劳力士防水表，防水 3900 米

表产生兴趣和好感。20 世纪 30 年代开始，一些技术开始被运用到腕表当中，使腕表具备了防磁和防震等性能，成了真正意义上精确、耐用的计时工具。怀表的地位被腕表所取代。

在腕表发展的过程当中，不同时期出现不同的时代特征：20 世纪 40 年代，人们注重腕表计时的精密度；50 年代，人们开始对内部机芯进行频繁改造，为其添加了日历、星期、月相盈亏、计时等多种特殊功能；从 60 年代开始，腕表的外观设计和装饰性呈现出多样化趋势。

百达翡丽铂金腕表

电子表的风行

钟表分为机械钟表和电子钟表两种，虽然它们的内部装置和零部件不尽相同，但二者工作原理基本一致，都是通过各自的振荡分配器来划分以及记录时间。

20世纪70年代，随着科技的发展，电子技术被广泛运用到钟表当中，使机械表的发展举步维艰。和机械表相比，电子表以电能续航，这使得计时更加准确、长久。

电子表的发明基于机械表结构。最初，电子表只是采用电池为动力，保留了传统机械表的摆轮、游丝等装置。1959年，瑞士人Max Hetzel发明了振荡器采用音叉电子的腕表。1967年，瑞士的钟表电子技术中心推出石英机芯；两年后，

Hamilton Ventura 电子腕表

精工钟表厂制作出世界上第一只石英表。随后，电子表的发展就一路高歌。

因为电子表的兴起，传统的制表业受到了市场的考验，很多机械表的生产商被迫倒闭。然而，就在人们觉得机械表将要退出钟表历史舞台的时候，也就是20世纪80年代中后期，机械表再次回归主流世界，人们重新回到机械表的“嘀嗒”声中……

Hamilton Ventura 电子腕表

Patek 百达翡丽 Philippe

——没人能拥有百达翡丽，只不过为下一代保管而已

中文名	百达翡丽
英文名	Patek Philippe
创始人	安东尼·百达、简·翡丽
创建时间	1851 年
发源地	瑞士·日内瓦
品牌系列	万年历系列、Aquanaut Luce、Twenty-4、超级复杂特殊功能计时、复杂特殊功能计时、运动表、Aquanaut、Gondolo、Golden Ellipse、古典表
品牌标识	百达翡丽的厂标由骑士的剑和牧师的十字架组合而成，也被称作“卡勒多拉巴十字架”。十字架和剑合在一起象征着庄严和勇敢
设计风格	品质、美丽、简约

安东尼·百达

品牌故事

1812 年，安东尼·百达（Antoine Norbert de Patek）在波兰的一个小村庄出生。安东尼·百达自幼聪慧，十几岁就能够掌握五门语言，并且很有艺术天赋。后来，由于波兰社会动荡不安，安东尼·百达转战巴黎，最终到达日内瓦拜师于著名画家 Alexandre Calame。在和自己师傅学画的过程当中，安东尼·百达的眼光盯上了钟表，觉得钟表业前途无限。于是，安东尼·百达自己购买机芯组装钟表，然后卖给波兰人。

在事业上，年仅 19 岁的安东尼·百达渐渐显露出了精明的头脑。他的生意越做越大，最后他决定建立自己的钟表企业。后来，安东尼·百达邀请同样来自波兰的钟表匠 Franciszed Cazpek 加入自己的钟表联盟。安东尼·百达主管经营，Cazpek 专门负责生产。一开始，他们雇用了两名雇工，由 Cazpek 亲自带领他们制造机芯。

然而，创业的路途是非常艰辛的。一度他们的账上只有 86 法郎，而且两个合作伙伴的关系也渐渐破裂。Cazpek 是一个优秀的钟表匠，但却甘于平庸，没有创新精神。他陷入慵懒的生活中，对表厂的生意漠不关心。

1844 年，安东尼·百达带着自己的钟表参加了

百达翡丽经典腕表

简・翡丽

巴黎钟表博览会。在博览会上，安东尼・百达和钟表师简・翡丽(Jean Adrien Philippe)相识。

他们的相逢，注定是钟表史上的伟大时刻，也改写了钟表的历史。翡丽以自己发明的无钥匙上链技术获得金奖，是那届博览会上的最大赢家。百达仔细研究以后，从翡丽的发明上嗅到了商机。由于两人同具敏锐的商业意识，当即便萌发了合作念头。一年以后，整天沉浸于慵懒生活当中的Cazpek从公司退出了股份，自立门户。很快，翡丽和百达联手。1851年，他们正式把公司更名为“Patek Philippe”。翡丽非常有创新激情，他的制表工艺精湛，称得上是一代大师。他信奉“制造精密机械”的理念，由他制造的袋表，品质远远超越其他品牌。

就在这一年（1851），百达翡丽的好运不期而至。在首届伦敦钟表博览会上，维多利亚女王被他们公司

百达翡丽生产的怀表

的一款百达翡丽表吸引。这款表是无钥匙上链设计，直径不过 30 毫米，精致而新奇。由于女王非常喜欢那款表，便当场买下。在她的带动下，阿尔伯特王子也买下了一款百达翡丽表。这一消息不胫而走，百达翡丽很快成为众人瞩目的焦点。

百达翡丽生产的怀表

为了追求产品的高质量，百达翡丽在材质选用上不惜工本，早期采用的材质为纯银和 18K 黄金。百达翡丽表机芯则均采用高钻数，早期的表多在 15 钻以上，后来以 29 钻为多。

百达翡丽公司精湛的制造技术造就了许多顶级品牌表。1927 年，应美国汽车大王柏加德的订购，公司制作出了一只可以奏出他母亲最心爱的摇篮曲的打簧表，价值 8300 瑞士法郎。应纽约收藏家格里夫斯要求，百达翡丽公司从 1928 年到 1933 年，用了五年时间，制造出一只精妙绝伦的表，成为钟表史上的里程碑。其实，也正是凭着这种执着和强烈的意识，百达翡丽这一品牌才响彻至今。更加难能可贵的是，百达翡丽决不因市场走红而滥造任何一只手表。一百多年来，该表一直

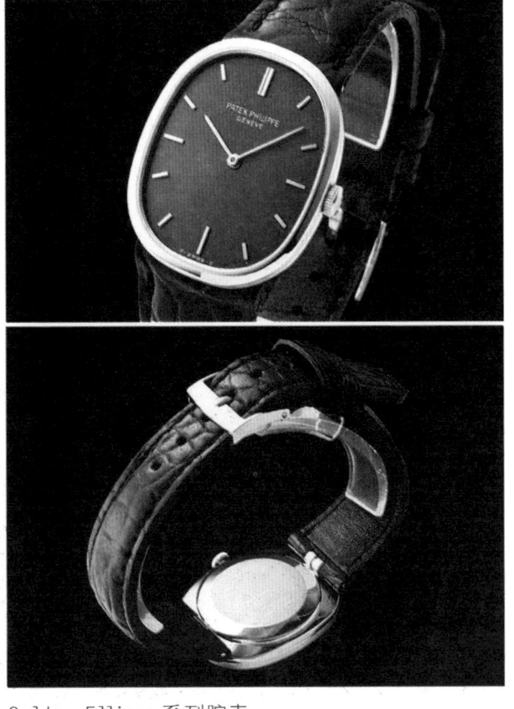
Golden Ellipse 系列腕表

保持着一个传统：每年只制造一只手工产品。

其实，在百达翡丽有很多耐人寻味的故事。如椭圆形的 Golden Ellipse 系列，是 1968 年开始设计的。Golden Ellipse 系列采用了“黄金分割”原理，备受欧洲市场欢迎。而 Gondolo 则采用长方形、酒桶形的表壳设计，造型时尚，再加上能够显示星期、日期、月相等，更是深受广大表迷喜爱。

1985 年，百达翡丽公司生产的 940 型号的多功能手表，机身厚度仅为 3.75 毫米，为同类手表中最薄的。为了突破传统，创造更理想的工作环境，百达翡丽当时的总裁兼董事总经理菲力·斯登（Philippe Stern）先生从 1988 年起就开始规划与兴建全新的工厂，为的是把百达翡丽独特的工艺及科技结合在一起。新工厂完工启用后成为一个完整的“成表”工厂，工厂旁的一座旧古堡则被修建为日内瓦私人珍品收藏博物馆。

百达翡丽可谓是瑞士最后一家完全独立的制表厂，每款表上的零部件均在日内瓦生产，其生产的机械腕表全部拥有“日内瓦印记”。

百达翡丽博物馆一角

经典系列

万年历系列

百达翡丽万年历系列 5550P 腕表

基本信息

编号：5550P

系列：万年历系列

款式：自动机械，男士

材质：950 铂金

外 观

表径：37.2mm

表壳厚度：8.8mm

表壳材质：950 铂金

表盘颜色：白色

表盘形状：圆形

表镜材质：蓝宝石水晶玻璃

表带颜色：咖啡色

表带材质：鳄鱼皮

表扣类型：折叠扣

背透：背透

防水深度：30m

机芯

机芯型号：Cal.240QSi

机芯直径：27.5mm

机芯厚度：3.88mm

振频：21600 次 / 小时

宝石数：25 个

零件数：281 个

动力储备：70 小时

特殊功能 日期显示 星期显示 月份显示 年历显示 月相

Aquanaut Luce

百达翡丽 5067 系列 5067A-011 不锈钢腕表

基本信息

编号：5067A-011 不锈钢
系列：Aquanaut Luce
款式：石英，女士
材质：不锈钢镶钻，镶嵌 46 颗 1.8mm 的上品 Wesselton 无瑕钻石，1 克拉

外　观

表径：35.6mm
表壳厚度：7.7mm
表壳材质：不锈钢镶钻，镶嵌 46 颗 1.8mm 的上品 Wesselton 无瑕钻石
表盘颜色：银白色
表盘形状：圆形
表盘材质：浮雕表盘；11 个 18K 铂金阿拉伯数字，13 枚时标，带荧光涂层；18K 铂金巴顿式时针和分针，带荧光涂层
表镜材质：蓝宝石水晶玻璃
表冠材质：不锈钢
表带颜色：白色
表带材质：橡胶
表扣类型：折叠扣
表扣材质：不锈钢
背透：密底
防水深度：120m

机芯

机芯型号：Cal.E23-250SC
机芯直径：23.9mm
机芯厚度：2.5mm
宝石数：7 个
零件数：100 个
电池寿命：3 年

特殊功能 日期显示

百达翡丽 5087/1 系列 5087/1A-001 不锈钢腕表

基本信息

编号：5087/1A-001 不锈钢

系列：Aquanaut Luce

款式：石英，女士

材质：不锈钢镶钻，表壳镶嵌 46 颗钻石，1 克拉

外　观

表径：35.2mm

表壳材质：不锈钢镶钻，表壳镶嵌 46 颗钻石，1 克拉

表盘颜色：黑色

表盘形状：圆形

表盘材质：浮雕表盘，覆荧光涂层金质立体阿拉伯字块

表镜材质：蓝宝石水晶玻璃

表冠材质：不锈钢

表带颜色：银色

表带材质：不锈钢

表扣类型：折叠扣

表扣材质：不锈钢

背透：密底

防水深度：120m

机芯

机芯型号：Cal.E23-250SC

机芯直径：23.9mm

机芯厚度：2.5mm

宝石数：7 个

零件数：100 个

电池寿命：3 年

特殊功能 日期显示

Twenty-4

百达翡丽 4910 系列 4910R-001 玫瑰金腕表

外 观

表径：25mm×30mm

表壳材质：18K 玫瑰金

表盘颜色：镶钻

表盘形状：方形

表盘材质：18K 玫瑰金镶钻

表镜材质：蓝宝石水晶玻璃

表冠材质：18K 玫瑰金镶钻

表带颜色：深棕色

表带材质：绢带

表扣类型：针扣

表扣材质：18K 玫瑰金

背透：密底

防水深度：30m

基本信息

编号：4910R-001 玫瑰金

系列：Twenty-4

款式：石英，女士

材质：18K 玫瑰金

机芯

机芯型号：Cal.E15

机芯直径：16.3mm×13mm

机芯厚度：1.77mm

宝石数：6 个

零件数：57 个

电池寿命：3 年

超级复杂特殊功能计时

百达翡丽 5078 系列 5078P 白盘腕表

基本信息

编号：5078P 白盘
系列：超级复杂特殊功能计时
款式：自动机械，男士
材质：950 铂金

机芯

机芯型号：Cal.R27PS
机芯直径：28mm
机芯厚度：5.05mm
摆轮：Gyromax
振频：21600 次 / 小时
宝石数：39 个
零件数：342 个
动力储备：48 小时

外 观

表径：38mm
表壳材质：950 铂金
表盘颜色：白色
表盘形状：圆形
表镜材质：蓝宝石水晶玻璃
表冠材质：950 铂金
表带颜色：黑色
表带材质：鳄鱼皮
表扣类型：折叠扣
表扣材质：950 铂金
背透：背透，可互换的底盖和蓝宝石玻璃

特殊功能 三问报时

复杂特殊功能计时

百达翡丽 5396 系列 5396G-011 腕表

基本信息

编号：5396G-011
系列：复杂特殊功能计时
款式：自动机械，男士
材质：18K 铂金

外 观

表径：38.5mm
表壳材质：18K 铂金
表盘颜色：银白色
表盘形状：圆形
表盘材质：金质立体时标
表镜材质：蓝宝石水晶玻璃
表冠材质：18K 铂金
表带颜色：黑色
表带材质：鳄鱼皮
表扣类型：折叠扣
背透：背透
防水深度：30m

机芯

机芯型号：324SQALU24H
机芯直径：33.3mm
机芯厚度：5.78mm
摆轮：Gyromax
振频：28800 次 / 小时
宝石数：34 个
零件数：347 个
动力储备：35~45 小时

特殊功能 日期显示　星期显示　月份显示　月相　双时区

百达翡丽 7180/1 系列 7180/1J 黄金腕表

基本信息

编号：7180/1J 黄金
系列：复杂特殊功能计时
款式：手动机械，女士
材质：18K 黄金

外 观

表径：31.4mm
表壳材质：18K 黄金
表盘颜色：镂空，外缘棕色
表盘形状：圆形
表盘材质：镂空，手工装饰及雕刻，外缘棕色饰边
表镜材质：蓝宝石水晶玻璃
表冠材质：18K 黄金
表带颜色：金色
表带材质：18K 黄金
表扣材质：18K 黄金
背透：背透，蓝宝石玻璃
防水深度：30m

机芯

机芯型号：Cal.177SQU
机芯直径：20.8mm
机芯厚度：1.77mm
摆轮：Gyromax
振频：21600 次 / 小时
宝石数：18 个
零件数：110 个
动力储备：43 小时

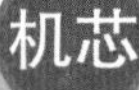

运动优雅

百达翡丽 5711/1 系列 5711/1A–011 腕表

基本信息

编号：5711/1A–011
系列：运动优雅
款式：自动机械，男士
材质：不锈钢

机芯

机芯型号：Cal.324SC
机芯直径：27mm
摆轮：Gyromax
振频：28800 次 / 小时
宝石数：29 个
零件数：213 个
动力储备：45 小时

特殊功能 日期显示

外　观

表径：40mm
表壳材质：不锈钢
表盘颜色：银白色
表盘形状：圆形
表盘材质：覆荧光涂层金质以及立体时标
表镜材质：蓝宝石水晶玻璃
表冠材质：不锈钢
表带颜色：银色
表带材质：不锈钢
表扣类型：折叠扣
表扣材质：不锈钢
背透：背透
防水深度：120m

Aquanaut

百达翡丽 5164 系列 5164A 不锈钢腕表

机芯

机芯型号：Cal.324SCFUS
机芯直径：31mm
机芯厚度：4.82mm
摆轮：Gyromax
振频：28800 次 / 小时
宝石数：29 个
零件数：294 个
动力储备：45 小时

基本信息

编号：5164A 不锈钢
系列：Aquanaut
款式：自动机械
材质：不锈钢，男士

特殊功能 双时区

外 观

表径：40.8mm
表壳材质：不锈钢
表盘颜色：黑色
表盘形状：圆形
表盘材质：黑色浮雕，纯金立体字块以及荧光时标
表镜材质：蓝宝石水晶玻璃
表冠材质：不锈钢
表带颜色：黑色
表带材质：复合材料
表扣类型：折叠扣
表扣材质：不锈钢
防水深度：120m

Gondolo

百达翡丽 Gondolo 系列 5098P-001 铂金腕表

机芯

机芯型号：Cal.25-21REC

机芯直径：24.6mm×21.5mm

机芯厚度：2.55mm

摆轮：Gyromax，带调节砝码的摆轮

振频：28800 次 / 小时

游丝：平面游丝（Flat）

宝石数：18 个

零件数：142 个

动力储备：44 小时

基本信息

编号：5098P-001

系列：Gondolo

款式：手动机械，男士

材质：950 铂金

外观

表径：32mm×42mm

表壳厚度：8.9mm

表壳材质：950 铂金

表盘颜色：银灰色

表盘形状：酒桶形

表盘材质：镀铑金质，手工雕花纽索纹，银色及棕色镀金及 Patek Philippe 和 Chronometro Gondolo 字样

表镜材质：蓝宝石水晶玻璃

表冠材质：950 铂金

表带颜色：黑色

表带材质：鳄鱼皮

表扣类型：14mm 尖头表扣

表扣材质：950 铂金

防水深度：30m

百达翡丽 4991 系列 4991R 玫瑰金腕表

机芯

机芯型号：Cal.16-250
机芯直径：16.3mm
机芯厚度：2.5mm
摆轮：Annular
振频：28800 次 / 小时
宝石数：18 个
零件数：101 个
动力储备：38 小时

基本信息

编号：4991R 玫瑰金
系列：Gondolo
款式：手动机械，女士
材质：18K 玫瑰金镶钻，镶嵌 72 颗钻石，0.95 克拉

外 观

表径：37.2mm×22.4mm
表壳材质：18K 玫瑰金镶钻，
镶嵌 72 颗钻石，0.95 克拉
表盘颜色：银白色
表盘形状：其他
表盘材质：珍珠贝母
表镜材质：蓝宝石水晶玻璃
表冠材质：18K 玫瑰金
表带颜色：深棕色
表带材质：鳄鱼皮
表扣材质：18K 玫瑰金
背透：背透，蓝宝石玻璃
防水深度：30m

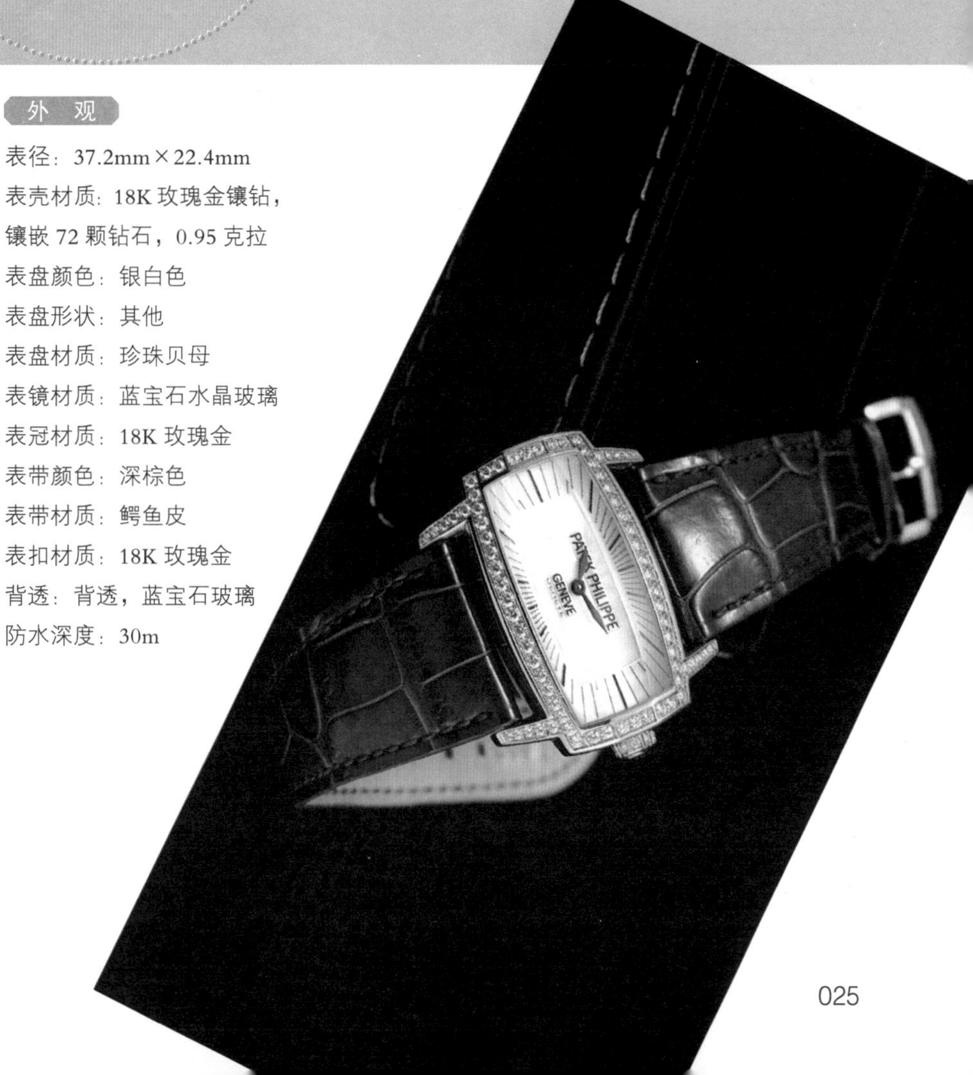

古典表

百达翡丽 5120/1 系列 5120/1G-001 白金腕表

机芯

机芯型号：Cal.240
机芯直径：27.5mm
机芯厚度：2.53mm
摆轮：Gyromax
振频：21600 次 / 小时
游丝：平面游丝
宝石数：27 个
零件数：161 个
动力储备：48 小时

基本信息

编号：5120/1G-001 白金
系列：古典表
款式：自动机械，男士
材质：18K 铂金

外 观

表径：35mm
表壳材质：18K 铂金
表盘颜色：粉色
表盘形状：圆形
表镜材质：蓝宝石水晶玻璃
表冠材质：18K 铂金
表带颜色：银色
表带材质：18K 铂金
表扣类型：折叠扣
表扣材质：18K 铂金
背透：背透
防水深度：30m

江诗丹顿

Vacheron Constantin

——简约而不简单！你可以轻易拥有时间，但你不能轻易拥有江诗丹顿

中文名	江诗丹顿
英文名	Vacheron Constantin
创始人	让·马克·瓦切隆
创建时间	1755年
发源地	瑞士·日内瓦
品牌系列	伊灵女神、艺术大师、1972、历史名作、传承、马耳他、纵横四海、QUAI DE L'ILE
品牌标识	江诗丹顿品牌标识由两部分构成。上半部分是一个丁香花瓣的马耳他十字标识，它原是手工制表时代用来防震保持准确转动的精密齿轮，在此代表江诗丹顿对于精准和美好的无尽追求，象征着卓越的手工制表技艺的传承。下半部分由两个创始人的姓氏合成。它凝结着一个古老品牌对于外形和特殊功能的诠释，也包含着创始人对品牌创建与维护的崇高责任
设计风格	完美、严谨

品牌故事

江诗丹顿辉煌的历史离不开让·马克·瓦切隆(Jean-Marc Vacheron)、弗朗索瓦·康斯坦丁 (Francois Constantin) 和雷绍特 (Georges-Auguste Leschot)。让·马克·瓦切隆创立了江诗丹顿；弗朗索瓦·康斯坦丁开拓了江诗丹顿的全球市场；雷绍特则改写了江诗丹顿甚至整个瑞士钟表行业的历史……

1755 年的一天，年轻的让·马克·瓦切隆怀着满腔热血在日内瓦市中心开起了自己的钟表工作室——“阁楼钟表工作室”，并很快设计出了江诗丹顿的首款钟表。这是一只独特的银制怀表，拥有珐琅烧制的罗马和阿拉伯数字面盘。让·马克·瓦切隆推出自己的这款怀表后，当即成为钟表商家效仿的目标。而江诗丹顿也因此在钟表历史上留下了不朽的名字。

拿破仑战争结束后不久，弗朗索瓦·康斯坦丁正式加盟让·马克·瓦切隆。从加盟的那一天开始，他就不断穿梭于欧洲各国之间，致力于为江诗丹顿开创更广阔的市场。

1839 年，机械天才雷绍特加盟江诗丹顿。他设计出的钟表零件制造机大大缩短了制表时间，提高了效率，可谓是钟表制造业的一次技术大飞跃。

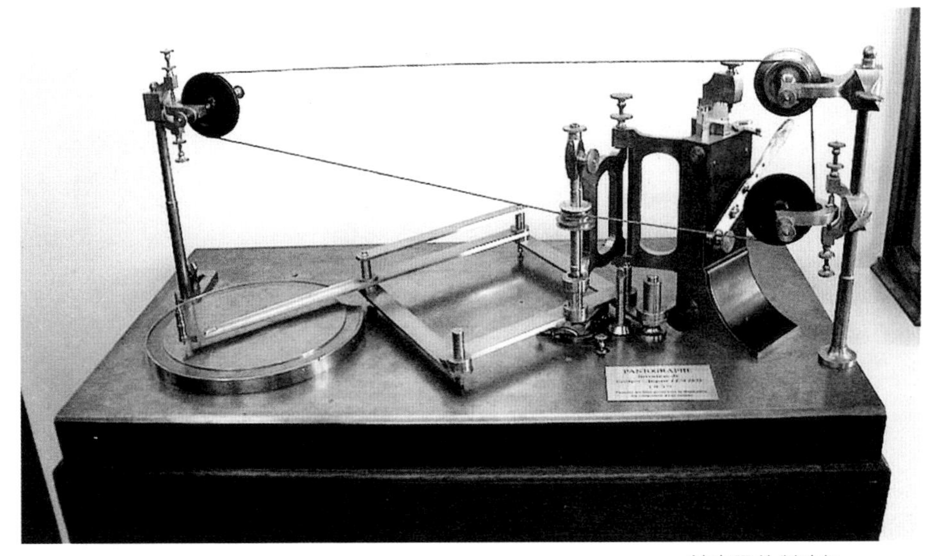

钟表零件制造机

从创建到现在，江诗丹顿一直位居钟表业技术的领先地位，其制造的超薄机芯、超薄表几创历史之最。1955 年，江诗丹顿为庆祝品牌成立 200 周年，推出了全球最薄、厚度仅 1.64 毫米的机械机芯。1967 年，江诗丹顿推出了一款厚 2.45 毫米的自动表。这款有 4000 多个零件的自动表一出世，就轰动了全世界。

1979 年，江诗丹顿推出了镶嵌 130 克拉完美钻石的 Kallista，引起了无数人的注目。“Kallista”镶嵌 118 克蓝钻，重量达 130 克拉。仅是这些珠宝，就叫人惊叹不已。据说，该表从出厂之后，每天升值约 4000 美元。

Kallista

江诗丹顿的几代继承人都在延续着公司的传统，并生产出不少出色的多特殊功能怀表和瑰丽优雅的腕表。在这个过程中，江诗丹顿和巴黎的 Verger 的伙伴关系正式展开，两家公司合作生产出多款惊世作品，其中不少是专门为世界多家华丽的珠宝场馆设计制造的。

作为一家历史悠久、制表技术超群的钟表企业，江诗丹顿的经典之

阁楼工匠示意图

Patrimony 腕表

作很多。为了陈列自己企业的代表作品，江诗丹顿在 1994 年设立了江诗丹顿私人博物馆。馆内特意把 18 世纪“阁楼工匠”工作室面貌重现在世人面前。

追求完美，必定注重细节。江诗丹顿在 1996 年推出了充满时代动感的 Overseas（纵横四海）运动型腕表系列。该系列表体现了江诗丹顿独特的原创和扎实的结构设计，深受表迷们赞誉。

后来，江诗丹顿再次推出富有当代气息的 Malte 系列。Malte 系列彰显出制表大师独特的创意和精湛的工艺，一举成为江诗丹顿的新典范。Malte 腕表拥有优雅的外形、圆润的表身和独特的表耳，颇具匠心。

只有与时俱进，才能历史悠久。2004 年，江诗丹顿推出了 Patrimony 探险家系列，其展示出的搪瓷工艺，令人叹为观止。

Patrimony 系列的设计理念充满了承前启后风格，每一点所展现出来的都是经典以及与时俱进的优雅。不论是配备简单机芯还是超卓复杂机芯，Patrimony 系列当中每一款腕表都是品牌精湛制表技艺的完美结晶。Patrimony 系列延续了江诗丹顿 250 年来累积的精髓、传统和专业风采，成为纯美优雅的象征，体现着江诗丹顿的特质。

在整个 20 世纪，江诗丹顿推出了多款令人难忘的钟表。江诗丹顿的七大钟表系列——Patrimony、Malte、Royal Eagle、Overseas、1972、ÉGÉRIE 以及 Kalla 系列，各自都具有独特的个性。无论是简约典雅的款式还是精雕细琢的复杂钟表，从日常佩戴的款式到名贵的钻石腕表，每一款江诗丹顿的产品都代表了瑞士高级钟表登峰造极的制表工艺。

1995 年，江诗丹顿开始进驻中国内地。当时，江诗丹顿打出了“江诗丹顿重返中国”的口号。口号中隐藏着一段鲜为人知的故事。1860 年，江诗丹顿的天才推手康斯坦丁将江诗丹顿带到了中国皇宫。咸丰皇帝对表很感兴趣，于是就向江诗丹顿定制了一只蓝色珐琅装饰怀表。“江诗丹顿——我们一直在中国，从来没有离开过。”这样的一个渊源，使得江诗丹顿大大拉近了和中国消费者之间的距离。

进入中国后，江诗丹顿就开始探究中国文化和中国人的价值观念。最终，他们在老子的智慧中得到启发——光而不耀。

“我们之所以会选用‘光而不耀’，正是由于江诗丹顿的企业文化、制表理念与中国古代思想家老子的这句话非常接近。江诗丹顿的创始人不但是优秀的制表师，也是精明的经营者，同时更是杰出的思想家、哲学家。江诗丹顿的产品虽然是顶级的，但却是一个谦逊、低调的品牌。我们希望通过自己的作品体现出一种文化的内涵以及精湛的制表精神，而并非炫耀之用。”

就这样，江诗丹顿在彰显和低调之间找到了平衡点，渐渐博取每一个消费者的欢心。

2006年8月18日，江诗丹顿在北京中华世纪坛展出84只由日内瓦历史博物馆多年珍藏的古董钟表。从此，拉开了“江诗丹顿中国古董钟表巡展”的序幕，这是江诗丹顿首次在除日内瓦以外的地方举办如此大规模的展示活动。

目前，江诗丹顿在中国的销售数字每年以30%的速度增长。但为了保证质量，江诗丹顿每年都会限量生产2万只手表。

江诗丹顿钻框方表

物以稀为贵。江诗丹顿的产量在世界三大名表中最少，但品质却毫不逊色。江诗丹顿是名副其实的贵族艺术品。

经典系列

EGERIE

EGERIE 系列 25040/000R-9259 腕表

基本信息

编号：25040/000R-9259
系列：EGERIE
款式：石英，女士
材质：18K 玫瑰金

外　观

表径：27.5mm×37.1mm
表壳厚度：9.53mm
表壳材质：18K 玫瑰金
表盘颜色：银白色
表盘形状：酒桶形
表盘材质：珍珠贝母
表镜材质：蓝宝石水晶玻璃
表冠材质：18K 玫瑰金，18K 红金
表带颜色：米黄色
表带材质：鳄鱼皮
表扣类型：针扣
表扣材质：18K 玫瑰金，18K 红金
防水深度：30m

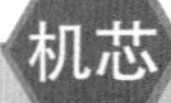

宝石数：4 个
动力储备：40 小时

艺术大师

江诗丹顿艺术大师系列 86070/000G-9399 腕表

基本信息

编号：86070/000G-9399

系列：艺术大师

款式：自动机械，男士

材质：18K 铂金

机芯

机芯型号：Cal.2460G4

机芯直径：25.6mm

振频：28800 次 / 小时

宝石数：27 个

动力储备：40 小时

特殊功能 日期显示 星期显示

外 观

表径：40mm

表壳材质：18K 铂金

表盘颜色：深灰色

表盘形状：圆形

表镜材质：蓝宝石水晶玻璃

表冠材质：18K 铂金，螺旋表冠

表带颜色：黑色

表带材质：鳄鱼皮

表扣类型：折叠扣

表扣材质：18K 铂金

背透：背透

防水深度：30m

1972

江诗丹顿 1972 系列 25510/000G-9120 腕表

基本信息

编号：25510/000G-9120
系列：1972 系列
款式：石英，女士
材质：18K 铂金镶钻

外　观

表径：22.8mm×46.5mm
表壳厚度：7.25mm
表壳材质：18K 铂金镶钻
表盘颜色：蓝色
表盘形状：方形
表镜材质：蓝宝石水晶玻璃
表冠材质：18K 铂金
表带颜色：灰色
表带材质：绢带
表扣类型：针扣
表扣材质：18K 铂金镶钻
防水深度：30m

机芯

机芯型号：Cal.1202
机芯直径：13mm
机芯厚度：2.1mm
振频：32768 次 / 小时
宝石数：4 个
零件数：33 个

历史名作

江诗丹顿历史名作系列 82035/000R-9359 腕表

基本信息

编号：82035/000R-9359

系列：历史名作

款式：手动机械，男士

材质：18K5N 粉红金

机芯

机芯型号：Cal.4400AS

机芯直径：28.6mm

机芯厚度：2.8mm

振频：28800 次 / 小时

宝石数：21 个

零件数：127 个

动力储备：65 小时

外　观

表径：40mm×40mm

表壳厚度：8.06mm

表壳材质：18K 红金

表盘颜色：银灰色

表盘形状：圆形

表带颜色：黑色

表带材质：鳄鱼皮

表扣类型：针扣

表扣材质：18K 红金

防水深度：30m

传承

江诗丹顿传承系列 30030/000P-8200 腕表

外 观

表径：37mm
表壳材质：950 铂金
表盘颜色：镂空
表盘形状：圆形
表镜材质：蓝宝石水晶玻璃
表冠材质：950 铂金
表带颜色：深蓝色
表带材质：鳄鱼皮
表扣材质：950 铂金
防水深度：30m

基本信息

编号：30030/000P-8200
系列：传承
款式：手动机械，男士
材质：950 铂金

特殊功能 陀飞轮 全镂空

机芯

机芯型号：Cal.1755
宝石数：30 个
动力储备：34 小时

马耳他

江诗丹顿马耳他系列 82130/000R-9755 腕表

基本信息

编号：82130/000R-9755

系列：马耳他

款式：手动机械，男士

材质：18K 玫瑰金

机芯

机芯型号：Cal.4400AS

机芯直径：28.6mm

机芯厚度：2.8mm

振频：28800 次 / 小时

宝石数：21 个

零件数：127 个

动力储备：65 小时

外 观

表径：36.7mm×47.6mm

表壳厚度：9.1mm

表壳材质：18K 玫瑰金

表盘颜色：银白色

表盘形状：酒桶形

表镜材质：蓝宝石水晶玻璃

表冠材质：18K 玫瑰金

表带颜色：深棕色

表带材质：鳄鱼皮

表扣类型：折叠扣

表扣材质：18K 玫瑰金

背透：背透

防水深度：30m

纵横四海

江诗丹顿纵横四海系列 49020/000R-9753 腕表

基本信息

编号：49020/000R-9753

系列：纵横四海

款式：自动机械，男士

材质：18K5N 粉红金

机芯

机芯型号：1136QP

机芯直径：28.00mm

机芯厚度：7.90mm

振频：21600 次 / 小时

宝石数：37 个

零件数：228 个

动力储备：40 小时

外 观

表径：42mm

表壳材质：18K5N 粉红金

表盘颜色：浅灰乳白色表盘搭配黑色指标和刻度

表盘形状：圆形

表镜材质：蓝宝石水晶玻璃

表冠材质：18K5N 粉红金

表带颜色：棕色

表带材质：鳄鱼皮

表扣类型：折叠扣

表扣材质：粉红金

背透：密底

防水深度：150m

特殊功能 日期显示　星期显示　月份显示　万年历　月相　计时

江诗丹顿纵横四海系列 47040/000W-9500 腕表

基本信息

编号：47040/000W-9500

系列：纵横四海

款式：自动机械，男士

材质：不锈钢

特殊功能：日期显示、防磁

机芯

机芯型号：Cal.1226

机芯直径：26.6mm

机芯厚度：3.25mm

振频：28800 次 / 小时

宝石数：36 个

零件数：143 个

动力储备：40 小时

外 观

表径：42mm

表壳厚度：9.7mm

表壳材质：不锈钢

表盘颜色：深灰色

表盘形状：圆形

表盘材质：金属

表带颜色：黑色

表带材质：橡胶

表扣类型：折叠扣

表扣材质：不锈钢

防水深度：150m

AP
AUDEMARS PIGUET

Audemars 爱彼 Piguet

——驾驭常规，铸就创新

中文名	爱彼
英文名	Audemars Piguet
创始人	朱尔斯·路易斯·奥德莫斯、爱德华·奥古斯蒂·皮捷特
创建时间	1881 年
发源地	瑞士·日内瓦
品牌系列	千禧、皇家橡树女装腕表、皇家橡树离岸型、皇家橡树、Classique Clous De Paris、Edward Piguet、Jules Audemars、Royal Oak Tuxedo
品牌标识	爱彼的标识 AP，是取创始人 Jules-Louis Audemars 和 Edward-Auguste Piguet 两人姓的第一个字母“A”和“P”组成
设计风格	传统、卓越、创新

朱尔斯・路易斯・奥德莫斯、爱德华・奥古斯蒂・皮捷特

品牌故事

1875年，朱尔斯・路易斯・奥德莫斯（Jules-Louis Audemars）和爱德华・奥古斯蒂・皮捷特（Edward-Auguste Piguet）两位青年才俊在瑞士的日内瓦携手开创了钟表事业。1881年，他们正式把自己的公司注册为“Audemars Piguet & cie”——爱彼表厂。此后，爱彼表便在国际舞台开始了传奇之旅。

从创立到现在，爱彼始终传承着精湛的制表技术和企业精神，迄今为止是世界上少数几个仍由创办家族管理的钟表商之一。

爱彼之所以能够成为制表行业中的常青树，就在于两个家族的苦心经营和不断探索。从1882年开始，奥德莫斯和皮捷特的家族成员开始担任公司主要职务，奥德莫斯负责技术创新，皮捷特负责市场运营。这种联合管理的商业模式一直沿用至今，经久不衰。

1917年，朱尔斯・路易斯・奥德莫斯从公司退下，由其儿子帕罗・路易斯・奥德莫斯出任董事会主席及技术经理。1919年，帕罗・爱德华・皮捷特也开始继承父业，主管公司的商业部门。

1962年，帕罗・路易斯・奥德莫斯的两个女儿开始进入公司，其中一个女儿雅克・路易斯・奥德莫斯成为董事会主席，一直任职到1992年。现在，爱彼

爱彼珠宝金表

表已传至第四代，两个家族依旧为爱彼而奋斗。

1889年，在第十届巴黎全球钟表展览会上，爱彼以一款集合万年历、双追针计时、三问报时等复杂特殊功能的怀表在钟表界引起了巨大震动，爱彼表也因此进入世界顶级钟表行列。

1925年，爱彼制造出了当时世界上最薄的一只怀表(1.32mm)。1934年，爱彼制出了世界上第一只镂空怀表，随即引起镂空表的流行。

1946年和1986年，爱彼分别推出了全世界最薄的机械腕表(1.64mm)以及首枚自动超薄陀飞轮腕表(4.8mm)。1972年，爱彼推出“皇家橡树”系列。该系列一出，立即引起轰动，被标榜为爱彼表的代表作。

1998年，爱彼成为专门从事高度复杂机芯发明和创造的Renaudet Papi公司股东。从此，公司名更新为Audemars Piguet Renaudet Papi，爱彼的制表造诣攀至史上另一高峰。

在众多系列当中，“八大天王”系列可谓是爱彼最为骄傲的八款设计。该系列表从1999年开始发布，每款仅限20只。可以说，这个系列的八款表简直就是

钟表工艺界当中的“八大奇迹”。

1999 年，爱彼推出“八大天王”1 号。该表采用 Ca12869 机芯、手动上链、双追针计时、陀飞轮装置、万年历、三问报时、铂金材质、蓝宝石透明底盖。

2000 年，爱彼表推出“八大天王”2 号。该表采用 Ca13090 机芯、手动上链，具备陀飞轮、三问报时、万年历和大视窗日历、铂金材质、蓝宝石透明底盖。同年，爱彼还推出了“日出日落时间等式万年历”和“世界时区万年历”两款腕表。

“八大天王”1 号

“八大天王”2 号

2001年，爱彼推出“八大天王”3号。该表采用ca12894机芯、手动上链，拥有“动力描述器”、陀飞轮、计时码表。

2004年年底，爱彼推出“八大天王”4号，该表采用手动上链、陀飞轮、十日动力和24小时倒数动力储存指示、950铂金表壳、蓝宝石透明底盖。

2007年，爱彼推出“八大天王”5号。在这款表中，设计师将千禧系列的椭圆形表壳内配备了直线型万年历，以及高效率擒纵系统。“八大天王”5号采用铂金或红金表壳。这款爱彼独家设计的擒纵系统是制表界的创新革命，势必成为收藏家们梦寐以求的极品。

“八大天王”3号

“八大天王”4号

“八大天王”5号

皇家橡树腕表

自从1972年首次在巴塞尔钟表展亮相，“皇家橡树”便一举成名，成为一代经典。“皇家橡树”的设计线条和其复杂的装置一样一丝不苟，八角形粉蓝珍珠贝母表面，饰以熠熠生辉的八角形钻石内圈，配以磨砂白金表壳。不论是表壳、表盘还是表链均力臻完美，不论是从美学还是制表工艺来说，都是绝无仅有的。

“皇家橡树”代表着现代科技的突破，其崭新的设计是18K黄金及钢的精炼结晶。“皇家橡树”系列表款有700多种，有玫瑰金、黄金、白金男女表款，计时码表、镂空表、陀飞轮表等。表冠的牢固镶工确保50m防水，离岸型系列备有100m防水。

皇家橡树陀飞轮腕表

经典系列

千禧

千禧系列 15350OR.OO.D093CR.01777 腕表

基本信息

编号：15350OR.OO.D093CR.01777

系列：千禧

款式：自动机械，男士

材质：精钢，18K 玫瑰金

外　观

表壳厚度：13mm

表壳材质：精钢，18K 玫瑰金

表盘颜色：深灰色

表镜材质：蓝宝石水晶玻璃

表带材质：鳄鱼皮

表扣类型：折叠扣

表扣材质：18K 玫瑰金

机芯

机芯型号：Cal.4101

机芯直径：36.75mm×32mm

机芯厚度：7.46mm

振频：28800 次 / 小时

游丝：宝玑游丝

宝石数：34 个

零件数：253 个

动力储备：60 小时

千禧系列 26069PT.OO.D028CR.01 腕表

基本信息

编号：26069PT.OO.D028CR.01

系列：千禧

款式：手动机械，男士

材质：950 铂金

外 观

表径：47mm

表壳材质：950 铂金

表盘颜色：银灰色

表盘形状：椭圆形

表冠材质：950 铂金

表带颜色：黑色

表带材质：鳄鱼皮

表扣类型：折叠扣

表扣材质：950 铂金

背透：背透，蓝宝石玻璃

防水深度：20m

机芯

机芯型号：Cal.2884

机芯直径：33.4mm×38.4mm

机芯厚度：9.7mm

振频：21600 次 / 小时

避震：KIF Elastor

宝石数：30 个

零件数：399 个

动力储备：240 小时

特殊功能

计时　动力储备显示

陀飞轮

千禧系列 77301BC.ZZ.D301CR.01 腕表

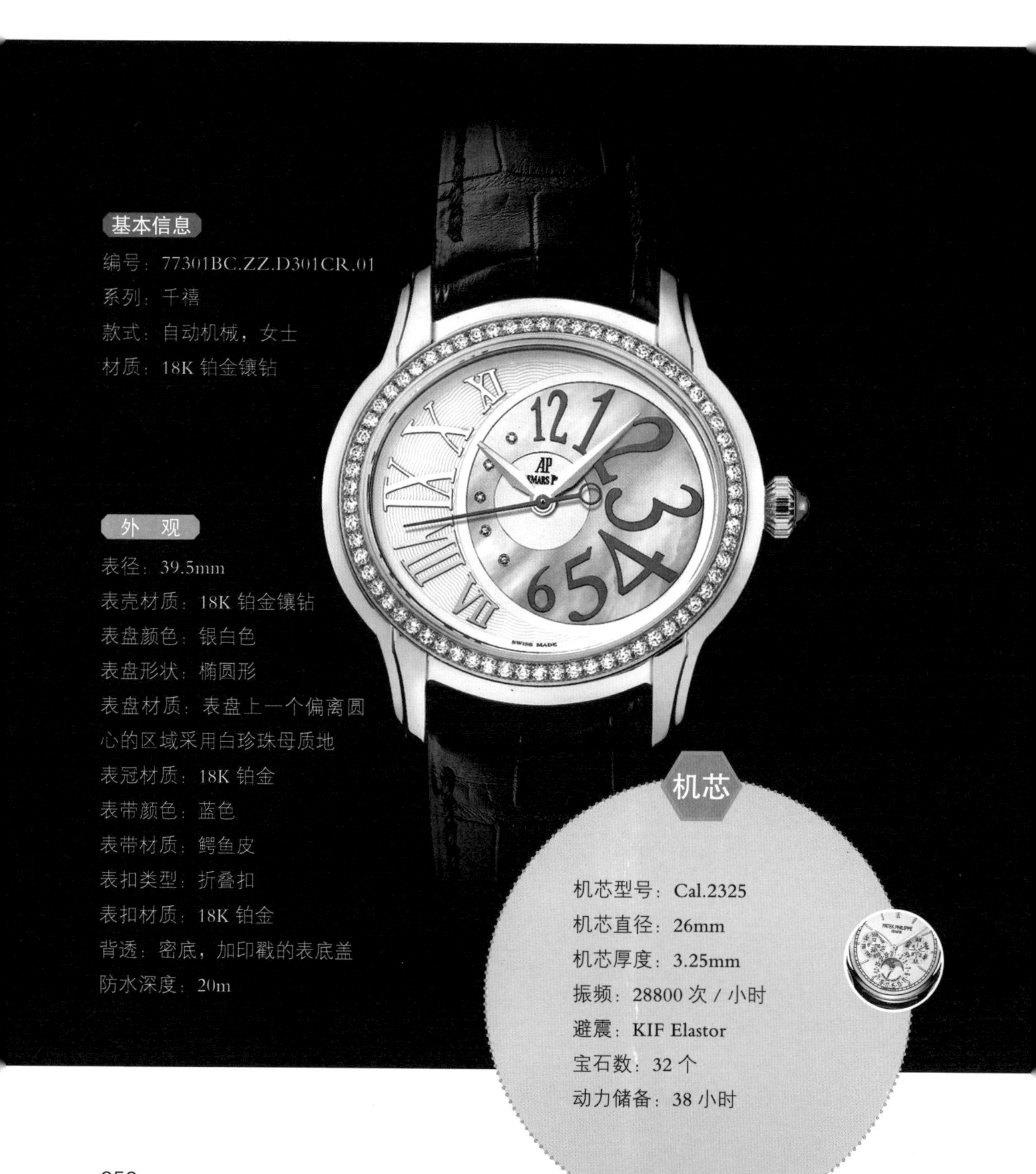

基本信息

编号：77301BC.ZZ.D301CR.01

系列：千禧

款式：自动机械，女士

材质：18K 铂金镶钻

外　观

表径：39.5mm

表壳材质：18K 铂金镶钻

表盘颜色：银白色

表盘形状：椭圆形

表盘材质：表盘上一个偏离圆心的区域采用白珍珠母质地

表冠材质：18K 铂金

表带颜色：蓝色

表带材质：鳄鱼皮

表扣类型：折叠扣

表扣材质：18K 铂金

背透：密底，加印戳的表底盖

防水深度：20m

机芯

机芯型号：Cal.2325

机芯直径：26mm

机芯厚度：3.25mm

振频：28800 次 / 小时

避震：KIF Elastor

宝石数：32 个

动力储备：38 小时

皇家橡树

皇家橡树 15154BC.ZZ.D004CU.01 腕表

机芯

机芯型号：Cal.2120
机芯直径：28.4mm
机芯厚度：2.45mm
振频：19800 次 / 小时
宝石数：37 个
零件数：214 个
动力储备：40 小时

基本信息

编号：15154BC.ZZ.D004CU.01
系列：皇家橡树
款式：自动机械，情侣
材质：18K 铂金镶钻，镶嵌顶级威塞尔顿钻石，重 4.65 克拉，表圈由 8 枚螺丝钉固定

外　观

表径：28mm
表壳材质：18K 铂金镶钻，镶嵌顶级威塞尔顿钻石，重 4.65 克拉，表圈由 8 枚螺丝钉固定
表盘颜色：黑色
表盘形状：圆形
表盘材质：时标指针镶钻
表镜材质：蓝宝石水晶玻璃
表冠材质：18K 铂金，旋入式表冠
表带颜色：黑色
表带材质：牛皮
表扣类型：折叠扣
表扣材质：18K 铂金镶钻
背透：背透，蓝宝石玻璃
防水深度：20m

皇家橡树 15400ST.OO.1220ST.01 腕表

特殊功能 日期显示

基本信息

编号：15400ST.OO.1220ST.01

系列：皇家橡树

款式：自动机械，男士

材质：精钢

外 观

表径：41mm

表壳厚度：9.8mm

表壳材质：精钢

表盘颜色：黑色

表盘形状：圆形

表镜材质：蓝宝石水晶玻璃

表冠材质：精钢

表带颜色：银色

表带材质：精钢

表扣类型：折叠扣

表扣材质：精钢

背透：背透

防水深度：50m

机芯

机芯型号：Cal.3120

机芯直径：26.6mm

机芯厚度：4.26mm

摆轮：铜铍和惰性可变元素

振频：21600 次 / 小时

游丝：平面游丝

避震：KIF Elastor

宝石数：40 个

零件数：280 个

动力储备：41 小时

皇家橡树离岸型 15703ST.OO.A002CA.01 腕表

外　观

表径：42mm

表壳材质：精钢

表盘颜色：黑色

表盘形状：圆形

表冠材质：精钢，橡胶，刻有精美图案

表带颜色：黑色

表带材质：橡胶

表扣材质：精钢

防水深度：300m

机芯

机芯型号：Cal.3120

机芯直径：26.6mm

机芯厚度：4.26mm

摆轮：铜铍和惰性可变元素

振频：21600 次 / 小时

游丝：平面游丝

避震：KIF Elastor

宝石数：40 个

零件数：278 个

动力储备：60 小时

基本信息

编号：15703ST.OO.A002CA.01

系列：皇家橡树离岸型

款式：自动机械，男士

材质：精钢

特殊功能 日期显示

皇家橡树离岸型 26400RO.OO.A002CA.01 腕表

基本信息

编号：26400RO.OO.A002CA.01

系列：皇家橡树离岸型

款式：自动机械，男士

特殊功能

日期显示

计时

外 观

表径：44mm

表壳厚度：14.43mm

表盘颜色：黑色

表盘形状：圆形

表镜材质：蓝宝石水晶玻璃

表带颜色：黑色

表带材质：橡胶

防水深度：100m

机芯

机芯型号：Cal.3126/3840

机芯直径：26mm

机芯厚度：4.26mm

摆轮：铜铍和惰性可变元素

振频：21600 次 / 小时

游丝：平面游丝

避震：KIF Elastor

宝石数：59 个

零件数：365 个

动力储备：60 小时

皇家橡树离岸型 26186SN.OO.D101CR.01 腕表

外 观

表径：42mm

表壳材质：精钢

表盘颜色：黑色

表盘形状：圆形

表镜材质：蓝宝石水晶玻璃

表冠材质：不锈钢

表带颜色：黑色

表带材质：皮革

表扣类型：针扣

表扣材质：不锈钢

防水深度：100m

基本信息

编号：26186SN.OO.D101CR.01

系列：皇家橡树离岸型

款式：自动机械，男士

材质：不锈钢

特殊功能 日期显示 计时

机芯

机芯型号：Cal.3126/3840

机芯直径：26mm

机芯厚度：4.26mm

摆轮：铜铍和惰性可变元素

振频：21600 次 / 小时

游丝：平面游丝

避震：KIF Elastor

宝石数：59 个

零件数：365 个

动力储备：60 小时

皇家橡树离岸型 15130BC.ZZ.8042BC.01 腕表

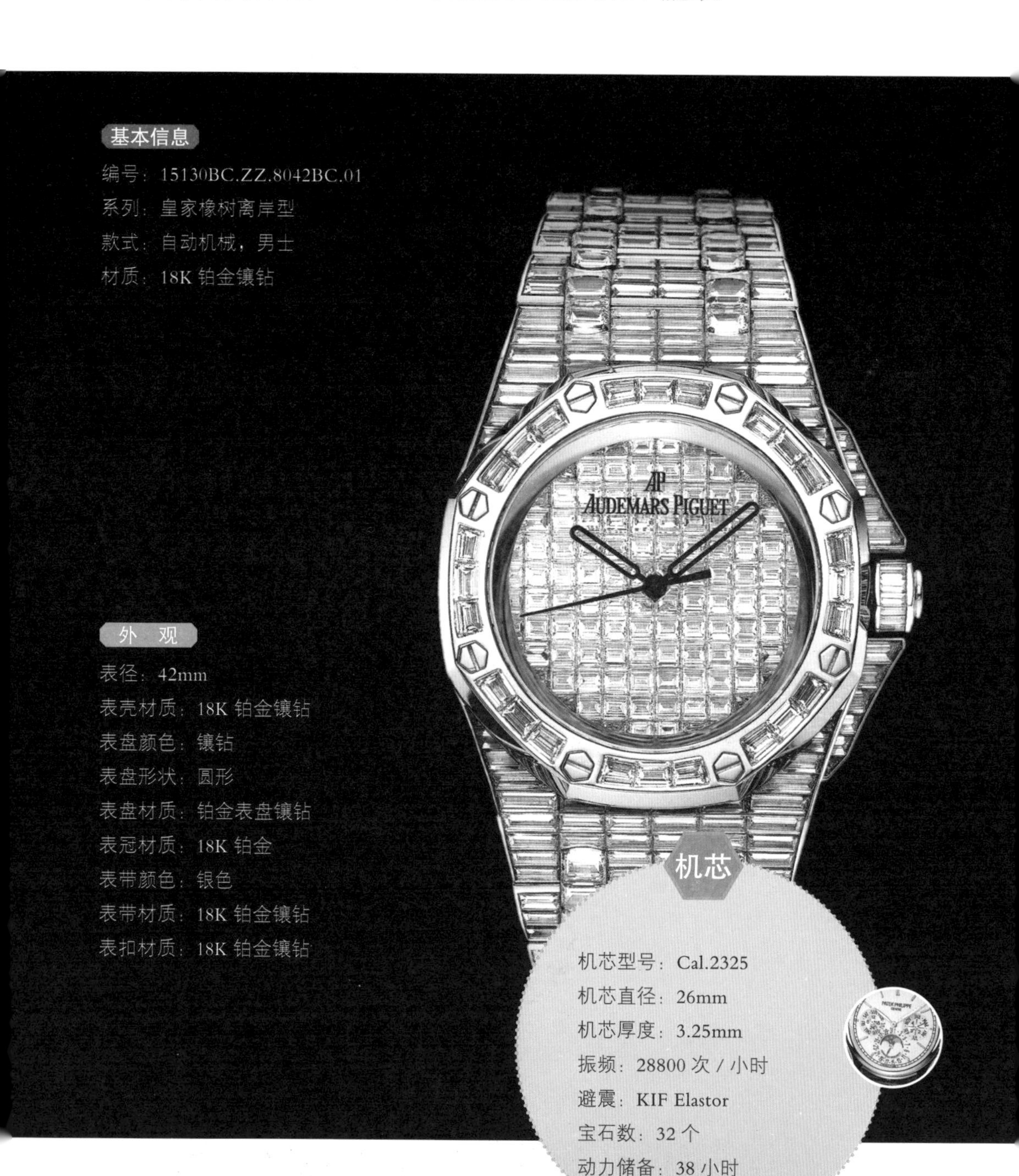

基本信息

编号：15130BC.ZZ.8042BC.01

系列：皇家橡树离岸型

款式：自动机械，男士

材质：18K 铂金镶钻

外　观

表径：42mm

表壳材质：18K 铂金镶钻

表盘颜色：镶钻

表盘形状：圆形

表盘材质：铂金表盘镶钻

表冠材质：18K 铂金

表带颜色：银色

表带材质：18K 铂金镶钻

表扣材质：18K 铂金镶钻

机芯

机芯型号：Cal.2325

机芯直径：26mm

机芯厚度：3.25mm

振频：28800 次 / 小时

避震：KIF Elastor

宝石数：32 个

动力储备：38 小时

Classique Clous De Paris

Classique Clous De Paris15163BC.GG.A002CR.01 腕表

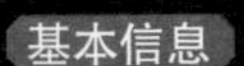

编号：15163BC.GG.A002CR.01

系列：Classique Clous De Paris

款式：手动机械，男士

材质：18K 铂金

外 观

表径：38mm

表壳厚度：7mm

表壳材质：18K 铂金

表盘颜色：象牙白

表盘形状：圆形

表镜材质：蓝宝石水晶玻璃

表冠材质：18K 铂金

表带颜色：黑色

表带材质：鳄鱼皮

表扣类型：针扣

表扣材质：18K 铂金

防水深度：20m

机芯

机芯型号：Cal.3091

机芯直径：21.4mm

振频：21600 次 / 小时

宝石数：21 个

零件数：148 个

动力储备：48 小时

Edward Piguet

Edward Piguet25947PT.OO.D002CR.01 腕表

基本信息

编号：25947PT.OO.D002CR.01

系列：Edward Piguet

款式：手动机械，男士

材质：950 铂金

外 观

表径：29mm

表壳材质：950 铂金

表盘颜色：金色

表盘形状：方形

表冠材质：950 铂金

表带颜色：黑色

表带材质：鳄鱼皮

表扣类型：折叠扣

表扣材质：950 铂金

背透：背透，蓝宝石玻璃

防水深度：20m

机芯

机芯型号：Cal.2881SQ

机芯厚度：6.1mm

振频：21600 次 / 小时

游丝：Philips Curve

避震：KIF Elastor

宝石数：19 个

零件数：214 个

动力储备：70 小时

特殊功能

陀飞轮

全镂空

Jules Audemars 系列

Jules Audemars 系列 15170OR.OO.A002CR.01 腕表

外 观

表径：39mm

表壳厚度：9mm

表壳材质：18K 玫瑰金

表盘颜色：黑色

表盘形状：圆形

表镜材质：蓝宝石水晶玻璃

表带颜色：黑色

表带材质：鳄鱼皮

表扣类型：针扣

表扣材质：18K 玫瑰金

背透：背透

防水深度：20m

基本信息

编号：15170OR.OO.A002CR.01

系列：Jules Audemars 系列

款式：自动机械，男士

材质：18K 玫瑰金

特殊功能 日期显示

机芯

机芯型号：Cal.3120

机芯直径：26.6mm

机芯厚度：4.26mm

摆轮：铜铍和惰性可变元素

振频：21600 次 / 小时

游丝：平面游丝

避震：KIF Elastor

宝石数：40 个

零件数：278 个

动力储备：60 小时

Jules Audemars 系列 26385OR.OO.A088CR.01 腕表

基本信息

编号：26385OR.OO.A088CR.01
系列：Jules Audemars
款式：自动机械
材质：18K 玫瑰金

外 观

表径：39mm
表壳厚度：8.8mm
表壳材质：18K 玫瑰金
表盘颜色：银灰色
表盘形状：圆形
表盘材质：镀银表盘，刻有玫瑰金色时标
表镜材质：蓝宝石水晶玻璃
表冠材质：18K 玫瑰金
表带颜色：深棕色
表带材质：鳄鱼皮
表扣材质：18K 玫瑰金
防水深度：20m

机芯

机芯型号：Cal.2324/2825
机芯直径：26.6mm
机芯厚度：4.6mm
振频：28800 次 / 小时
宝石数：45 个
零件数：215 个
动力储备：40 小时

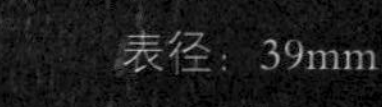

宝玑 Breguet

——时计发明先驱

中文名	宝玑
英文名	Breguet
创始人	宝玑
创建时间	1775 年
发源地	瑞士
品牌系列	经典、高级珠宝腕表、那不勒斯皇后、TypeXXI、TypeXX、传承系列、航海、经典复杂、传世
品牌标识	标识上半部分是优雅的宝玑指针，一直以来都是宝玑的形象标志；下半部分是被誉为“表王”的创始人宝玑的姓氏，以及创建时间
设计风格	古典、简约、创新

宝玑

品牌故事

1747 年，宝玑（Breguet）出生于瑞士。17 岁那年，宝玑在巴黎开始制作钟表。1775 年，宝玑在巴黎开设了自己的第一家钟表店，同时创立了宝玑表前身——Quaide Phorloge。凭借丰富的钟表知识和精湛的技术，宝玑吸引了很多优秀工匠来到自己门下。

1780 年，宝玑制造出一款自动上链怀表。两年后，宝玑又制造出一款金壳珐琅自动上条怀表。这款怀表，具有两问报时、60 小时动力储存显示、双发条盒等诸多功能。

很快，宝玑表开始席卷欧洲，欧洲各国王公贵族都以拥有宝玑表为荣。

1793 年，法国王后玛丽·安东尼向宝玑定制了一只怀表。27 年后，也就是 1820 年，一只集计时、报时、日期显示、自动发条、温度显示等功能于一身的怀

宝玑生产的怀表

表被宝玑制造出来。这只怀表，堪称是空前的佳作。但遗憾的是，定制这只怀表的法国王后玛丽·安东尼却没有能够亲眼看到此表。

1783年，宝玑发明了自鸣钟弹簧，设计出有镂空圆点的指针；1789年，宝玑发明了棘轮锁匙和无须润滑油的自然司行轮；1790年，宝玑发明了“Pare-chute”避震装置。宝玑优秀的才华得到了法国国王路易十五的赏识。

法国大革命期间，社会动荡不安。为逃避战乱，宝玑来到日内瓦。战争一结束，宝玑就立刻回到巴黎。这一时期，宝玑被压抑许久的灵感瞬间爆发，发明了万年历，制造出宝玑摆轮游丝、可调节军队操练步伐的“计步器”和“天文计时器”等。在众多的发明当中，当属陀飞轮装置的发明最为伟大。1801年，宝玑为陀飞轮装置申请了专利。

在航海天文钟方面，宝玑也做出了伟大贡献。1815年，宝玑赢得了Horloger de la Marine海军钟表制造家的美誉。

1823年，宝玑以76岁高龄离开人世。他死后，其后代一直发扬着宝玑的制表精神。1907年，27岁的路易·宝玑（宝玑的第五代孙子）制造出可以凭借本身动力起飞的直升机Gyroplane；1909年，他制造出第一架双翼飞机；1912年，制成了第一架海上飞机；1915年，制成了第一架轰炸机。1917年，宝玑XIV(14)型飞机协助联军取得了第一次世界大战的胜利……虽然宝玑在航空事业方面做得

陀飞轮装置

宝玑陀飞轮表

非常出色，但路易・宝玑没有忘记宝玑光辉的制表历史，因此一直坚持着为航空业提供精密的计时表。宝玑制造的 TypeXI 及 TypeXII 驾驶机舱时计，现在仍在十几个国家的飞机上使用。

TypeXX 拥有哑黑表面、大型夜光数字和指针以及可旋转的外圈，其最出色的是具有“一按飞返起动”功能。1950 年，宝玑的 TypeXX 得到法国技术中心认可，并在此后的 20 多年里一直成为法国空军、航空测试中心以及海军通信部门的指定计时器。

2002 年，宝玑推出了一系列巧夺天工的表，其中包括一款闹铃表和一款女式钻石陀飞轮表。此后不久，宝玑又推出了经典男式表。这些表的严格生产标准和完美款式受到很多人的青睐。

世界历史名人如法国国王路易十六、英国维多利亚女王、英国首相丘吉尔、普鲁士威廉一世、美国国务卿杜勒斯等，虽然彼此并不处于同一时期，但是都有一个共同点，那就是都为宝玑表的钟爱者。科学家爱因斯坦和作家柴可夫斯基曾是宝玑的忠实用户。许多人称宝玑为“表王”，说宝玑是“现代制表之父”是恰如其分的。

经典系列

经典

宝玑经典系列 5717BR/US/9ZU 腕表

特殊功能：日期显示、双时区

基本信息

编号：5717BR/US/9ZU
系列：经典系列
款式：自动机械，男士
材质：18K 玫瑰金

机芯

机芯型号：Cal.77F0
出产厂商：宝玑
振频：28800 次 / 小时
宝石数：43 个

外　观

表径：43mm
表壳厚度：13.55mm
表壳材质：18K 玫瑰金
表盘颜色：银灰色
表盘形状：圆形
表镜材质：蓝宝石水晶玻璃
表冠材质：18K 玫瑰金
表带颜色：深棕色
表带材质：鳄鱼皮
表扣材质：18K 玫瑰金
背透：背透，蓝宝石玻璃
防水深度：30m

那不勒斯皇后

宝玑那不勒斯皇后系列 8928BR/51/844DD0D 腕表

基本信息

编号：8928BR/51/844DD0D

系列：那不勒斯皇后

款式：自动机械，女士

材质：18K 玫瑰金镶钻，表圈上镶嵌 139 颗钻石，1.32 克拉

外 观

表径：33mm×24.95mm

表壳厚度：8.6mm

表壳材质：18K 玫瑰金镶钻，表圈上镶嵌 139 颗钻石，1.32 克拉

表盘颜色：贝母白

表盘形状：椭圆形

表盘材质：珍珠贝母

表镜材质：蓝宝石水晶玻璃

表冠材质：18K 玫瑰金

表带颜色：黑色

表带材质：绢带

表扣材质：18K 玫瑰金

背透：背透，蓝宝石玻璃

防水深度：30m

TypeXXI

宝玑 TypeXXI 系列 3880ST/H2/3mmXV 腕表

机芯

机芯型号：Cal.589F

出产厂商：宝玑

振频：72000 次 / 小时

宝石数：28 个

动力储备：45 小时

基本信息

编号：3880ST/H2/3mmXV

系列：TypeXXI

款式：自动机械，男士

材质：精钢

外　观

表径：44mm

表壳厚度：17.3mm

表壳材质：精钢

表盘颜色：黑色

表盘形状：圆形

表镜材质：蓝宝石水晶玻璃

表冠材质：精钢

表带颜色：黑色

表带材质：鳄鱼皮

表扣材质：精钢

背透：密底

防水深度：100m

特殊功能

日期显示　大日历　双时区

计时　飞返　逆跳

传承系列

宝玑传承系列 5177BA/12/9V6 腕表

基本信息

编号：5177BA/12/9V6
系列：传承系列
款式：自动机械，男士
材质：18K 黄金

机芯

机芯型号：Cal.502.3
出产厂商：宝玑
机芯直径：27mm
宝石数：26 个

外　观

表径：38mm
表壳厚度：5.4mm
表壳材质：18K 黄金
表盘颜色：银灰色
表盘形状：圆形
表盘材质：镀银金
表镜材质：蓝宝石水晶玻璃
表冠材质：18K 黄金
表带颜色：深棕色
表带材质：鳄鱼皮
表扣类型：针扣
表扣材质：18K 黄金
背透：背透
防水深度：30m

航海

宝玑航海系列 5827BB/12/5ZU 腕表

基本信息

编号：5827BB/12/5ZU

系列：航海

款式：自动机械，男士

材质：18K 铂金

机芯

机芯型号：Cal.583Q/1

出产厂商：宝玑

机芯直径：31mm

宝石数：24 个

外　观

表径：42mm

表壳厚度：14.1mm

表壳材质：18K 铂金

表盘颜色：银灰色

表盘形状：圆形

表盘材质：镀银金

表镜材质：蓝宝石水晶玻璃

表冠材质：18K 铂金

表带颜色：黑色

表带材质：橡胶

表扣类型：折叠扣

表扣材质：18K 铂金

背透：背透

防水深度：100m

特殊功能

日期显示

计时

经典复杂

宝玑经典复杂系列 7800BA/11/9YV 腕表

基本信息

编号：7800BA/11/9YV

系列：经典复杂

款式：自动机械，男士

材质：18K 黄金

机芯

机芯型号：Cal.0900

出产厂商：宝玑

宝石数：59 个

外 观

表径：40mm

表壳厚度：16.3mm

表壳材质：18K 黄金

表盘颜色：银灰色

表盘形状：圆形

表盘材质：铂金镀层，选装表盘，带手工雕刻图案

表镜材质：蓝宝石水晶玻璃

表冠材质：18K 黄金

表带颜色：深棕色

表带材质：鳄鱼皮

表扣材质：18K 黄金

背透：背透，蓝宝石玻璃

防水深度：30m

传世

宝玑传世系列 7057BB/G9/9W6 腕表

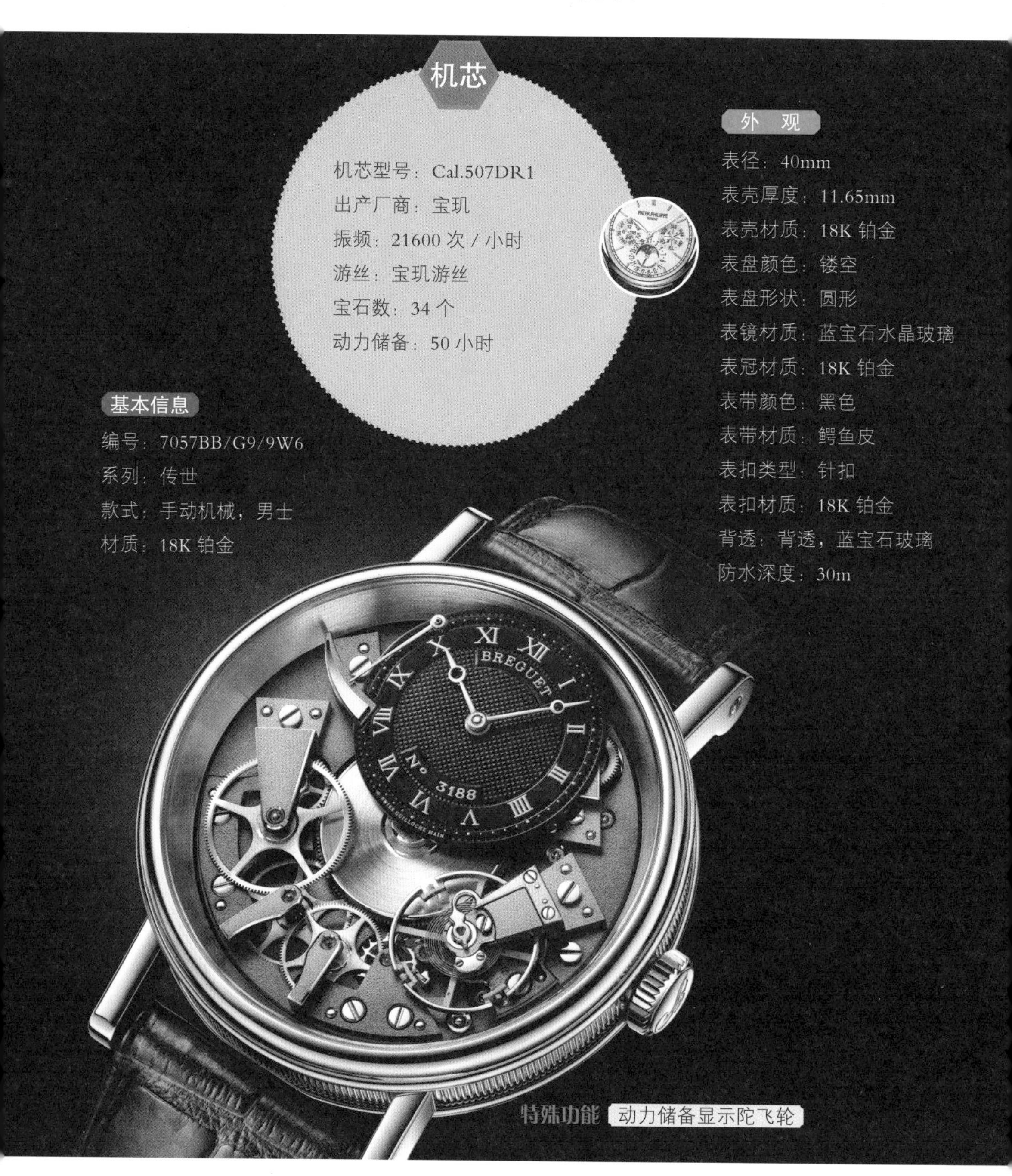

机芯

机芯型号：Cal.507DR1
出产厂商：宝玑
振频：21600 次 / 小时
游丝：宝玑游丝
宝石数：34 个
动力储备：50 小时

外　观

表径：40mm
表壳厚度：11.65mm
表壳材质：18K 铂金
表盘颜色：镂空
表盘形状：圆形
表镜材质：蓝宝石水晶玻璃
表冠材质：18K 铂金
表带颜色：黑色
表带材质：鳄鱼皮
表扣类型：针扣
表扣材质：18K 铂金
背透：背透，蓝宝石玻璃
防水深度：30m

基本信息

编号：7057BB/G9/9W6
系列：传世
款式：手动机械，男士
材质：18K 铂金

特殊功能 动力储备显示陀飞轮

IWC
SCHAFFHAUSEN

IWC 万国

——源自沙夫豪森的非凡技术与精湛工艺

中文名	万国
英文名	IWC
创始人	佛罗伦汀·琼斯
创建时间	1868 年
发源地	瑞士·沙夫豪森
品牌系列	飞行员、复刻版、工程师、海洋、柏涛菲诺、达文西、葡萄牙
品牌标识	IWC 是万国表有限责任公司 International Watch Company 的缩写。这一由三个字母组成的标识没有丝毫的修饰，简洁大方，表现出万国表的精准细致
设计风格	简洁、大方

佛罗伦汀·琼斯

品牌故事

1868 年，美国人佛罗伦汀·琼斯(Florentine Jones)在瑞士的沙夫豪森创立了万国。距今，万国已有 150 多年历史。

钟表的历史可追溯到 15 世纪初，足足比万国的历史早 459 年。但是，直到万国钟表厂建立后，时间的精准度才牢牢掌握在人们的手中。

19 世纪末 20 世纪初，万国制造的怀表风靡了整个钟表市场。1868 年，万国开发出“琼斯”牌怀表机芯，这在很大程度上提高了怀表的走时准确度。也正是因为这款机芯，万国打出了自己的品牌。

1890 年，万国推出了“Grande Complication”怀表。这款怀表，不但赢得了国际钟表协会的好评，并且还获得了优异证书，成为收藏家争相购买的对象。

万国生产的怀表

飞行员专用腕表

20 世纪初，万国开始把生产重心转移到腕表上。第一次世界大战期间，万国为军队提供了大批带夜光的实用手表。在二战的时候，万国又推出了一款专为飞行员设计的防磁手表。

20 世纪 30 年代，万国推出的“飞行员专用腕表”为以后万国的专用特殊系列腕表奠定了基础。

1953 年，万国为纪念法国著名海底摄影专家雅克・伊夫・库斯托，推出了海洋时计库斯托纪念腕表。这款表在全球发行了 1953 枚，防水深度达 2000m，成为当时卓越的潜水功能腕表。

20 世纪 60 年代，万国对日本石英电子表发起挑战，趁势推出了钛合金手表，供潜水员使用的“OCEAN”系列、“VTRASPORTIVO”超薄型手表和“PORTOFINO”系列等，跻身瑞士一流钟表商行列。

1970 年，IWC 在防磁腕表的基础上，开发研制出了把计时功能和定向罗盘相结合的罗盘表。

1985 年，万国推出首款具有万年历功能并以意大利发明家及艺术家里安纳度・达文西的名字命名的达文西腕表。这个系列的腕表具有四位数年份数字显示，并且校准的时候只需要通过表冠就可完成。除了这些功能，其最独特的地方是它能够以机械操作日历程序来显示月亮盈亏，这标志着万年历腕表走进了新时代。它是到目前为止，唯一一枚能够一直运行到2499年的腕表，也正因此被称为“世纪名表”。

1990年，万国表经过七年研发，首次将众多复杂机械功能结合在腕表尺寸中，推出了复杂型腕表系列。它具有万年历、计时码和三问等机械功能。

如今，很多女性为追求时尚，也渐渐开始戴上了男款腕表，这使得小型达文西腕表成为最成功的女性概念腕表。

我们相信，作为钟表行业中的佼佼者，万国一定还会不断为我们创造奇迹。

达文西系列腕表

经典系列

飞行员

万国马克十六腕表 Pilots Watch Mark XVI 系列 IW325501 腕表

基本信息

编号：IW325501

系列：飞行员

款式：自动机械，男士

材质：精钢

特殊功能

日期显示

防磁

外　观

表径：39mm

表壳厚度：11.5mm

表壳材质：精钢

表盘颜色：黑色

表盘形状：圆形

表盘材质：钢镀铑

表镜材质：双面蓝宝石水晶玻璃

表带颜色：黑色

表带材质：鳄鱼皮

表扣类型：针扣

表扣材质：精钢

背透：密底

防水深度：50m

机芯

机芯型号：Cal.30110

基础机芯：ETA2892-A2

机芯直径：25.6mm

机芯厚度：3.6mm

振频：28800 次 / 小时

宝石数：21 个

动力储备：42 小时

万国 Top Gun 海军空战部队万年历腕表系列 IW502902 腕表

机芯

机芯型号：51614

摆轮：Glucydur 铍合金平衡摆轮，摆轮臂配置高精度微调凸轮

游丝：宝玑游丝

宝石数：42 个

动力储备：168 小时

基本信息

编号：IW502902

系列：飞行员

款式：自动机械，男士

材质：钛金属 / 陶瓷

外 观

表径：48mm

表壳厚度：16mm

表壳材质：钛金属，陶瓷

表盘颜色：黑色

表盘形状：圆形

表镜材质：双面蓝宝石水晶玻璃

表冠材质：钛金属，旋入式表冠

表带颜色：黑色

表带材质：布带

表扣类型：针扣

表扣材质：钛金属

背透：密底

防水深度：60m

特殊功能

日期显示　星期显示　月份显示

年历显示　万年历　月相

复刻版

万国柏涛菲诺 Portofino Hand-Wound 系列 IW544801 腕表

机芯

机芯型号：Cal.98800
机芯直径：37.8mm
机芯厚度：6.1mm
摆轮：Glucydur Balance
振频：18000 次 / 小时
游丝：宝玑游丝
宝石数：18 个
动力储备：46 小时

基本信息

编号：IW544801
系列：复刻版
款式：手动机械，男士
材质：精钢

特殊功能 月相

外 观

表径：46mm
表壳厚度：11mm
表壳材质：精钢
表盘颜色：黑色
表盘形状：圆形
表镜材质：蓝宝石水晶玻璃
表带颜色：黑色
表带材质：鳄鱼皮
表扣类型：折叠扣
表扣材质：精钢
背透：背透，蓝宝石玻璃
防水深度：30m

工程师

万国工程师系列 IW323310 腕表

基本信息

编号：IW323310
系列：工程师
款式：自动机械，男士
材质：精钢

外 观

表径：42.5mm
表壳材质：精钢
表盘颜色：蓝色
表盘形状：圆形
表镜材质：蓝宝石水晶玻璃
表带颜色：蓝色
表带材质：鳄鱼皮
表扣材质：精钢
防水深度：100m

特殊功能 日期显示

机芯

机芯型号：80111
振频：28800 次 / 小时
宝石数：28 个
动力储备：44 小时

海洋

万国时计计时码表 Aquatimer Chronograph 系列 IW376711 腕表

基本信息

编号：IW376711

系列：海洋

款式：自动机械，男士

材质：精钢

机芯

机芯型号：Cal.79320

基础机芯：ETA7750

机芯直径：30mm

机芯厚度：7.9mm

振频：28800 次 / 小时

宝石数：25 个

动力储备：44 小时

外　观

表径：44mm

表壳厚度：15mm

表壳材质：精钢

表盘颜色：深蓝色

表盘形状：圆形

表盘材质：钢镀铑

表镜材质：双面蓝宝石水晶玻璃

表带颜色：蓝色

表带材质：橡胶

表扣类型：折叠扣

表扣材质：精钢

背透：密底

重量：210 克

防水深度：120m

特殊功能　日期显示　星期显示　计时

柏涛菲诺

万国柏涛菲诺系列 IW378303 腕表

基本信息

编号：IW378303

系列：柏涛菲诺

款式：自动机械，男士

材质：精钢

外　观

表径：41mm

表壳厚度：13.5mm

表壳材质：精钢

表盘颜色：黑色

表盘形状：圆形

表镜材质：双面蓝宝石水晶玻璃

表冠材质：精钢

表带颜色：黑色

表带材质：鳄鱼皮

表扣材质：精钢

防水深度：30m

机芯

机芯型号：Cal.79320

基础机芯：ETA7750

机芯直径：30mm

机芯厚度：7.9mm

振频：28800 次 / 小时

宝石数：25 个

动力储备：44 小时

特殊功能　日期显示　星期显示　计时

葡萄牙

万国卓越复杂 Portuguese Grande Complication 系列 IW377401 腕表

基本信息

编号：IW377401
系列：葡萄牙
款式：自动机械，男士
材质：950 铂金

外　观

表径：45mm
表壳厚度：16.5mm
表壳材质：950 铂金
表盘颜色：银白色
表盘形状：圆形
表镜材质：蓝宝石水晶玻璃
表冠材质：950 铂金
表带颜色：黑色
表带材质：鳄鱼皮
表扣类型：折叠扣
表扣材质：950 铂金
防水深度：30m

机芯

机芯型号：Cal.79091
基础机芯：ETA7750
振频：28800 次 / 小时
宝石数：75 个
零件数：659 个

特殊功能　日期显示　星期显示　月份显示　年历显示　万年历　月相　三问

PIAGET

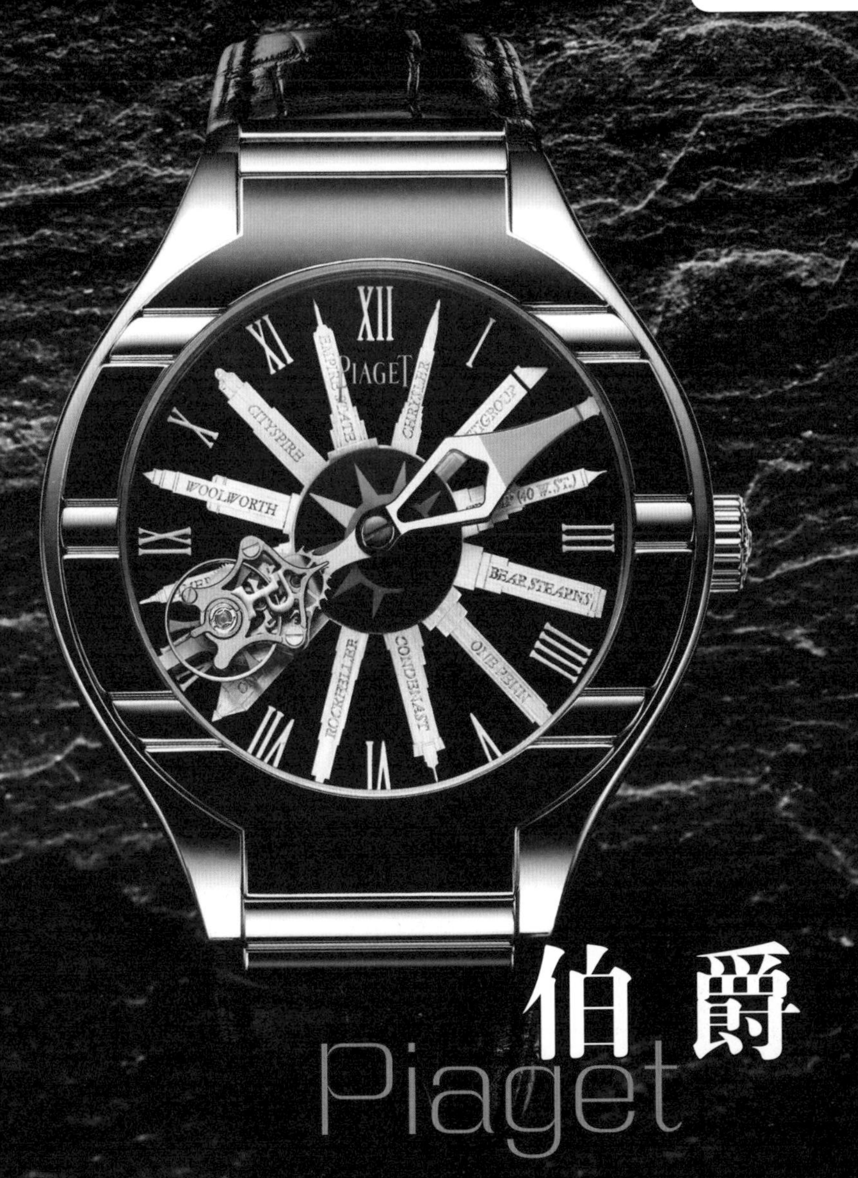

伯爵
Piaget

——永远做得比要求的更好

中文名	伯爵
英文名	Piaget
创始人	乔治·爱德华·伯爵
创建时间	1874 年
发源地	瑞士·侏罗山
品牌系列	创意、Possession、非凡珍品系、Polo、龙与凤、Limelight、黑带
品牌标识	伯爵表品牌用其创始人的姓氏做标识，代表了其对世人的承诺。标识的形状设计体现了伯爵的优雅艺术与高贵气质。该标识形象地包含了它的精神
设计风格	大胆、创新

乔治·爱德华·伯爵

品牌故事

在世界名表行列中，伯爵可谓是后起之秀。它真正跻身于一流手表行列，是从 20 世纪 40 年代开始。

1874 年，乔治·爱德华·伯爵 (Georges Edouard Piaget) 在瑞士侏罗山区深处的一座村庄中创建了伯爵表厂。最初，乔治·伯爵的 14 个子女都加入了制表坊。后来，由于人手短缺，当地村民便过来帮助。多年来，伯爵家族以朴实的生活作风及坚韧、勤奋、恒心等精神建立了口碑。

1943 年“伯爵”正式注册，很快成为首屈一指的钟表制造商。1945 年，伯爵首次推出玫瑰花造型的腕表，上面刻有 Piaget 的标识。1956 年，伯爵推出的第一款 9P 超薄机芯只有 2mm，制成超薄的女士腕表，成为超薄机芯的翘楚。

超薄机芯

镶嵌珠宝的伯爵腕表

第二次世界大战之后，第一只标有伯爵标识的完美腕表面世。经由伯爵制表工匠精心研究而创造的超薄九线运转装置，至今仍是机械腕表系列的主要设计依据。由于伯爵表精良的品质，所以很快树立起了良好的品牌形象。

到 1959 年，伯爵已拥有“制表与珠宝工艺大师”的称号。1960 年推出第一款珠宝腕表。20 世纪 60 年代以来，伯爵一边致力于复杂机芯的研究，一边发展顶级珠宝首饰的设计，被称为“瑞士奇葩”。伯爵以各种炫目的贵重宝石镶饰独特表面，其推出的镯形腕表，堪称精品界的一大盛事。方形钻石编织成细腻动人的网格图案，圆形钻石则使整个表体轮廓闪烁生辉。

尤其是 20 世纪 70 年代，西方上流社会盛行马球运动，多数有品位的贵族也参与这项竞赛。在他们激烈的竞赛中，风掀起衣服，而伯爵表的表面不会勾到衣物，于是伯爵这种非常耐用的腕表即刻风靡于上流社会。伯爵在名表中的至尊地位就此确立。

1981 年，世界上最贵的一只表是伯爵推出的。这只表由 154 克铂金铸成，配有 396 颗钻石，还有一颗 3.85 克拉的蓝色超级美钻，价值 350 万瑞士法郎。1987 年，伯爵机械系列腕表问世，具有复杂的功能，包括月相、万年历等，甚至

伯爵机芯

可以成为透视装置。

伯爵表一直以超薄机芯闻名于世，乔治·伯爵的孙子——华伦太就是世界首创超薄机芯的主要推动者。这项创新很快成为伯爵表的标志，同样这项经过不懈努力所研究出的革命性设计，也很快成为伯爵表的同义词。与传统机芯相比，超薄机芯更精巧、更轻盈，这也是伯爵腕表设计改良的推动力，可以使表面得以添加更精巧的装饰以及镶入更多璀璨的宝石。

“永远做得比要求的更好。”这是伯爵创始人的格言，对于位于侏罗山区的伯爵机芯制造工作室来说，这句格言激励着他们在技术上创新；同样，对于坐落于日内瓦 Plan-les-Ouates 区，精心加工宝石金质表壳和表带的高级钟表制造厂来说，这也是他们工作的宗旨。伯爵精确地掌握时间的脉搏，永不止息地以大胆尝试的精神、专业的技艺与丰富的想象力，追求更精湛的技艺。

伯爵女士腕表

经典系列

创意

伯爵 Limelight Dancing Light 腕表系列 G0A37171 腕表

基本信息

编号：G0A37171

系列：创意系列

款式：石英，女士

材质：18K 铂金镶钻

外　观

表径：39mm

表壳材质：18K 铂金镶钻

表盘颜色：黑色镶钻

表盘形状：圆形

表盘材质：镶衬 155 颗圆形美钻，约 0.6 克拉

表镜材质：蓝宝石水晶玻璃

表冠材质：18K 铂金镶钻

表带颜色：黑色

表带材质：绢带

表扣材质：18K 铂金镶钻，镶衬 15 颗圆形美钻，约 0.1 克拉

机芯

机芯型号：Cal.56P

伯爵 Limelight Garden Party 腕表系列 G0A37182 腕表

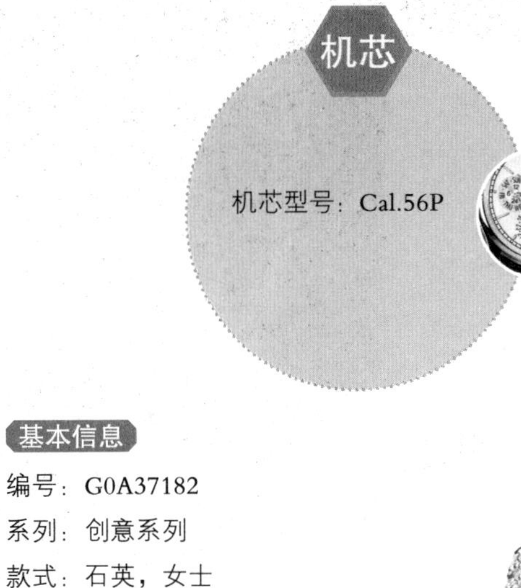
机芯

机芯型号：Cal.56P

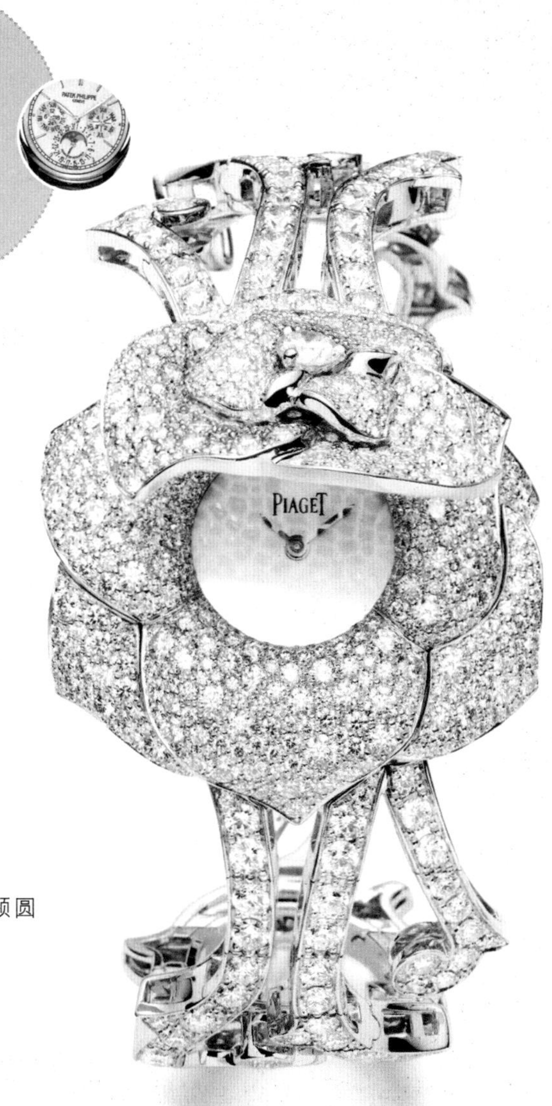

基本信息

编号：G0A37182

系列：创意系列

款式：石英，女士

材质：18K 铂金镶钻

外 观

表径：35mm

表壳材质：18K 铂金镶钻

表盘颜色：白色

表盘形状：圆形

表镜材质：蓝宝石水晶玻璃

表冠材质：18K 铂金镶钻

表带颜色：银色

表带材质：18K 铂金镶钻，镶衬 253 颗圆形美钻，约 8.5 克拉

表扣材质：18K 铂金镶钻

Possession

伯爵 Possession 腕表系列 G0A36188 腕表

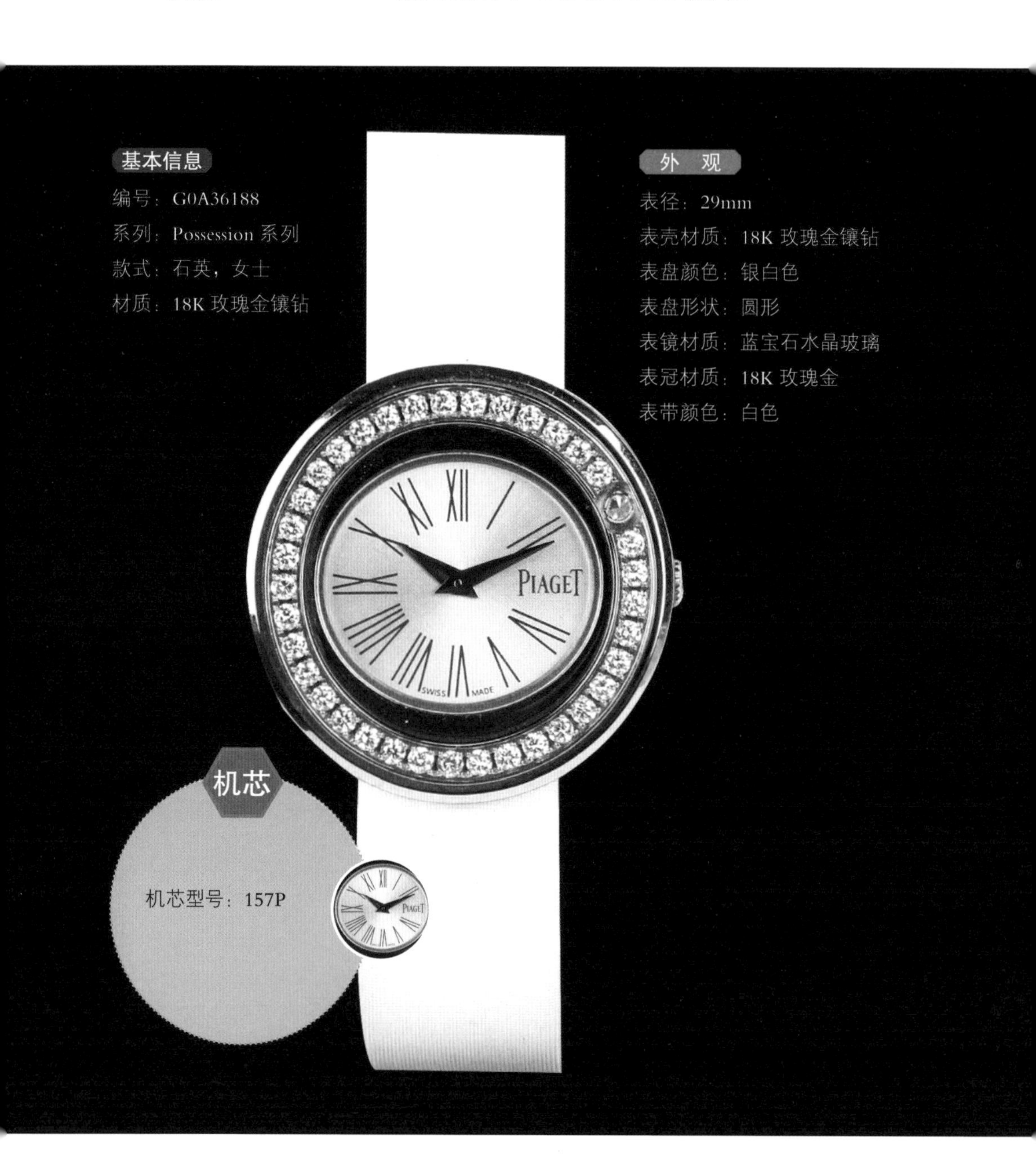

基本信息

编号：G0A36188

系列：Possession 系列

款式：石英，女士

材质：18K 玫瑰金镶钻

外 观

表径：29mm

表壳材质：18K 玫瑰金镶钻

表盘颜色：银白色

表盘形状：圆形

表镜材质：蓝宝石水晶玻璃

表冠材质：18K 玫瑰金

表带颜色：白色

机芯

机芯型号：157P

非凡珍品

伯爵 Emperador 枕形腕表系列 G0A37020 腕表

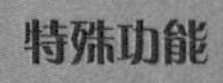

日期显示　星期显示　月份显示
双时区　飞返 / 逆跳

基本信息

编号：G0A37020
系列：非凡珍品系列
款式：自动机械，男士
材质：18K 铂金镶钻

外　观

表径：49mm
表壳材质：18K 铂金镶钻
表盘颜色：黑色
表盘形状：圆形
表盘材质：珍珠贝母
表镜材质：蓝宝石水晶玻璃
表冠材质：18K 铂金镶钻
表带颜色：黑色
背透：背透

机芯型号：856P
机芯直径：28.4mm
机芯厚度：5.6mm
振频：21600 次 / 小时
宝石数：38 个
零件数：343 个
动力储备：72 小时

Polo

伯爵 Polo FortyFive 腕表系列 G0A34002 腕表

基本信息

编号：G0A34002

系列：Polo 系列

款式：自动机械，男士

材质：钛金属 / 精钢

特殊功能

日期显示　大日历　双时区

计时　飞返 / 逆跳

机芯

机芯型号：Cal.800P

机芯直径：26.8mm

机芯厚度：4mm

摆轮：带有可调砝码的铍铜合金摆轮

振频：21600 次 / 小时

游丝：带有精密调节的脉冲装置的平面式游丝

避震：有防震装置

宝石数：25 个

零件数：201 个

动力储备：85 小时

外 观

表径：45mm

表壳材质：钛金属 / 精钢

表盘颜色：黑色

表盘形状：圆形

表镜材质：蓝宝石水晶玻璃

表冠材质：钛金属

表带颜色：黑色

表带材质：橡胶

表扣类型：折叠扣

表扣材质：钛金属

背透：背透

伯爵 Polo FortyFive 腕表系列 G0A35001 腕表

基本信息

编号：G0A35001

系列：Polo 系列

款式：自动机械，男士

材质：钛金属

特殊功能

日期显示

双时区

机芯

机芯型号：Cal.880P

机芯直径：27mm

摆轮：螺丝平衡摆轮

振频：28800 次 / 小时

宝石数：35 个

零件数：277 个

动力储备：50 小时

外 观

表径：45mm

表壳材质：钛金属

表盘颜色：黑色

表盘形状：椭圆形

表冠材质：钛金属

表带颜色：银色

表带材质：钛金属

表扣材质：钛金属

背透：密底，蓝宝石玻璃

龙与凤

伯爵 Altiplano 凤凰图案腕表系列 G0A36547 腕表

基本信息

编号：G0A36547

系列：龙与凤系列

款式：手动机械，女士

材质：18K 玫瑰金

机芯

机芯型号：Cal.430P

机芯直径：20.5mm

机芯厚度：2.1mm

振频：21600 次 / 小时

宝石数：18 个

零件数：131 个

动力储备：43 小时

外 观

表径：34mm

表壳材质：18K 玫瑰金

表盘颜色：图案，凤凰图案

表盘形状：圆形

表镜材质：蓝宝石水晶玻璃

表冠材质：18K 玫瑰金

表带颜色：白色

表带材质：鳄鱼皮

表扣材质：18K 玫瑰金

背透：密底

Altiplano

伯爵 Altiplano 腕表系列 G0A34113 腕表

基本信息

编号：G0A34113

系列：Altiplano 系列

款式：手动机械，男士

材质：18K 玫瑰金

外 观

表径：40mm

表壳材质：18K 玫瑰金

表盘颜色：银灰色

表盘形状：圆形

表冠材质：18K 玫瑰金

表带颜色：深棕色

表带材质：鳄鱼皮

表扣材质：18K 玫瑰金

机芯

机芯型号：Cal.838P

机芯直径：26.8mm

机芯厚度：2.5mm

摆轮：带有可调砝码的铍铜合金摆轮

振频：21600 次 / 小时

游丝：带有精密调节的脉冲装置的平面式游丝

避震：有防震装置

宝石数：19 个

零件数：131 个

动力储备：61 小时

黑带

伯爵 Emperador 枕形两地时间腕表系列 G0A37112 腕表

基本信息

编号：G0A37112

系列：黑带系列

款式：自动机械，男士

材质：18K 玫瑰金

外 观

表径：43mm

表壳材质：18K 玫瑰金

表盘颜色：银白色

表盘形状：圆形

表镜材质：蓝宝石水晶玻璃

表带颜色：深棕色

表带材质：鳄鱼皮

表扣类型：折叠扣

背透：背透

机芯

机芯型号：Cal.882P

机芯直径：27mm

机芯厚度：5.6mm

振频：28800 次 / 小时

宝石数：33 个

动力储备：50 小时

特殊功能：日期显示　双时区　计时　飞返 / 逆跳

卡地亚Cartier

Cartier

卡地亚

Cartier

——法国浪漫“表”现

中文名	卡地亚
英文名	Cartier
创始人	路易·弗朗索瓦·卡地亚
创建时间	1847 年
发源地	法国·巴黎
品牌系列	Santos、2011New Models、DELICES DE CARTIER、桑托斯系列、坦克、帕莎系列、CALIBRE DE CARTIER、21 世纪系列、ROTONDE DE CARTIER、酒桶形系列、天秤座系列、浴缸、路易卡地亚圆形系列、伦敦 SOLO 系列、CAPTIV ED ECARTIER、HIGH JEWELRY WATCHES、高级制表、蓝气球、跑车系列、COLIBRE CARTIER
品牌标识	卡地亚的标识是创始人卡地亚的英文名；标识简单明了，但又不缺乏时尚，非常具有美感
设计风格	流畅、精致

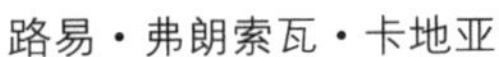
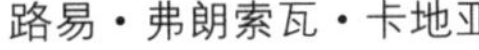

路易·弗朗索瓦·卡地亚

品牌故事

有珠宝商皇帝之称的卡地亚距今已有170多年历史，在其发展过程当中制造了很多钟表精品。从中，你可以看到卡地亚巧妙地把浪漫的珠宝和钟表结合在一起。

1847年，路易·弗朗索瓦·卡地亚（Louis-Francois Cartier）在法国巴黎创立了珠宝工场，从此开启了卡地亚品牌的大门。自1873年起，卡地亚便开始生产怀表。

当时，钟表行业以怀表和腰表为主流，但才华横溢的卡地亚认为腕表将会成为未来钟表行业的主流。

170多年来，卡地亚的很多著名作品依旧流传于人们心中。Tortue、

卡地亚腕表

酒桶形腕表

Tonneau、TanK、Baignoire……这些经典的名字和它们的独特造型使卡地亚在时间的长河中经久不衰。

1904年，卡地亚制造出一款具有现代意义的腕表。这款表是为卡地亚的好友航空先驱Samos Dument所设计的，为的是使他能够在驾驶飞机的时候轻松地查看时间。1911年，该款表上市后，立即受到新潮人士的喜爱。

1938年，英国伊丽莎白女王佩戴卡地亚为其设计的全球最小手镯式腕表出现在人们面前。从此，卡地亚腕表声名远扬。

40年后，Santos表出现在卡地亚1978年设计的一款由黄金和精钢制作的手镯上。黄金和精钢两种不同材质的巨大反差让此款表相当独特，极富个性。

1906年，卡地亚推出了酒桶形腕表，表盘饰有罗马数字，表冠镶嵌着卡地亚标志性的蓝宝石，充分体现着卡地亚独特的风格。这款表看似简单，配以椭圆形、曲线形，以绝对前卫的表盘贴合手腕设计呈现出不同的艺术外形。

坦克腕表诞生于1989年，它运用了几何学原理，使硬朗和柔和的视觉效果相结合，使直线和曲线、圆滑边缘和清晰棱角并存。

卡地亚于1996年推出的法国坦克腕表是坦克系列之一，其手镯与弧线型表

盘的结合使其看起来像一款技艺精湛的珠宝，使得腕表、手镯、材质完美有机地结合在一起。

从上面这些能够看出，卡地亚之所以能够跃身到高级钟表行列，有很大一部分原因是它在设计方面有着非凡的灵感，尤其是对于几何线条的完美运用。

在卡地亚众多表款中，当属“坦克”系列最为别具一格，虽然外形设计上借鉴了坦克，但其中丝毫没有硝烟的味道，反而开创了一种全新的表壳设计风格——简约的直线和错落的直角交织在一起，呈现出一种全新的艺术感觉。

总之，卡地亚这个源自法国的品牌，现如今已当之无愧地屹立在名表之林。

坦克腕表

经典系列

坦克

卡地亚坦克 Solo(Tank Solo) 系列 W5200003 腕表

基本信息

编号：W5200003

系列：坦克

款式：石英，女士

材质：精钢

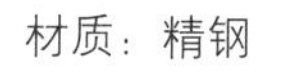

外 观

表径：34.8mm×27.4mm

表壳厚度：5.55mm

表壳材质：精钢

表盘颜色：银白色

表盘形状：方形

表盘材质：白瓷

表镜材质：蓝宝石水晶玻璃

表冠材质：精钢，镶嵌一颗合成尖晶石

表带颜色：黑色

表带材质：鳄鱼皮

表扣类型：折叠扣

表扣材质：精钢

防水深度：30m

机芯

机芯型号：Cal.690

基础机芯：ETA2836-2

机芯直径：25.6mm

振频：28800 次 / 小时

宝石数：8 个

动力储备：38 小时

卡地亚坦克 Solo(Tank Solo) 系列 W5200015 腕表

基本信息

编号：W5200015
系列：坦克
款式：石英，女士
材质：精钢

外　观

表径：31mm
表壳厚度：5.55mm
表壳材质：精钢
表盘颜色：图案
表盘形状：方形
表盘材质：米白色白瓷和漆面表盘
表镜材质：蓝宝石水晶玻璃
表冠材质：精钢，镶嵌一颗合成尖晶石
表带颜色：豹纹图案
表带材质：真皮
表扣类型：折叠扣
表扣材质：精钢
防水深度：30m

机芯

机芯型号：Cal.157
基础机芯：ETA-ESA255.111
宝石数：4 个

帕莎系列

卡地亚 Pasha Seatimer 系列 W31077U2 腕表

基本信息

编号：W31077U2

系列：帕莎系列

款式：自动机械，男士

材质：精钢，单向旋转表壳

外　观

表径：40.5mm

表壳厚度：12.25mm

表壳材质：精钢，单向旋转表壳

表盘颜色：黑色

表盘形状：圆形

表镜材质：蓝宝石水晶玻璃

表冠材质：精钢

表带颜色：黑色

表带材质：橡胶

表扣类型：折叠扣

表扣材质：精钢

防水深度：100m

机芯

机芯型号：Cal.049

基础机芯：ETA2892-A2

机芯直径：25.6mm

机芯厚度：3.6mm

振频：28800 次 / 小时

宝石数：21 个

动力储备：42 小时

卡地亚 Pasha De Cartier42mm 系列 HPI00365 腕表

基本信息

编号：HPI00365

系列：帕莎系列

款式：手动机械，女士

材质：18K 铂金镶钻，镶衬圆钻

特殊功能 全镂空

外 观

表径：42mm

表壳厚度：9.4mm

表壳材质：18K 铂金镶钻，镶衬圆钻

表盘颜色：镶钻

表盘形状：圆形

表盘材质：18K 铂金，镶衬圆钻，沙佛莱石豹眼睛和玛瑙豹鼻

表冠材质：镶钻

表带颜色：黑色

表带材质：绢带

表扣类型：折叠扣

表扣材质：18K 铂金镶钻，圆钻

背透：背透

防水深度：30m

机芯

机芯型号：Cal.9613MC

CALIBRE DE CARTIER

卡地亚 CALIBRE DE CARTIER 系列 W7100015 腕表

基本信息

编号：W7100015

系列：CALIBRE DE CARTIER

款式：自动机械，男士

材质：精钢

特殊功能 日期显示

机芯

机芯型号：Cal.1904-PSMC

基础机芯：ETA2892-A2

机芯直径：25.6mm

机芯厚度：4mm

摆轮：Glucydur Balance

振频：28800 次 / 小时

游丝：flat Nivarox

避震：Incabloc 避震

宝石数：27 个

零件数：186 个

动力储备：48 小时

外 观

表径：42mm

表壳厚度：10mm

表壳材质：精钢

表盘颜色：银白色

表盘形状：圆形

表盘材质：镀银

表镜材质：蓝宝石水晶玻璃

表冠材质：精钢，镶嵌一颗刻面蓝色合成尖晶石

表带颜色：银色

表带材质：精钢

表扣材质：精钢

防水深度：30m

卡地亚 CALIBRE DE CARTIER 系列 W7100031 腕表

基本信息

编号：W7100031

系列：CALIBRE DE CARTIER

款式：手动机械，男士

材质：950 铂金

特殊功能 万年历　计时

机芯

机芯型号：Cal.9436MC

机芯直径：34.6mm

机芯厚度：10.25mm

振频：21600 次 / 小时

宝石数：37 个

零件数：457 个

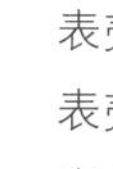

外　观

表径：45mm

表壳厚度：18.7mm

表壳材质：950 铂金

表盘颜色：银灰色

表盘形状：圆形

表镜材质：蓝宝石水晶玻璃

表冠材质：铂金

表带颜色：黑色

表带材质：鳄鱼皮

表扣材质：950 铂金

防水深度：30m

21 世纪系列

卡地亚 21 世纪系列 W1020012 腕表

基本信息

编号：W1020012

系列：21 世纪系列

款式：石英，男士

材质：精钢

特殊功能 日期显示 计时 追针

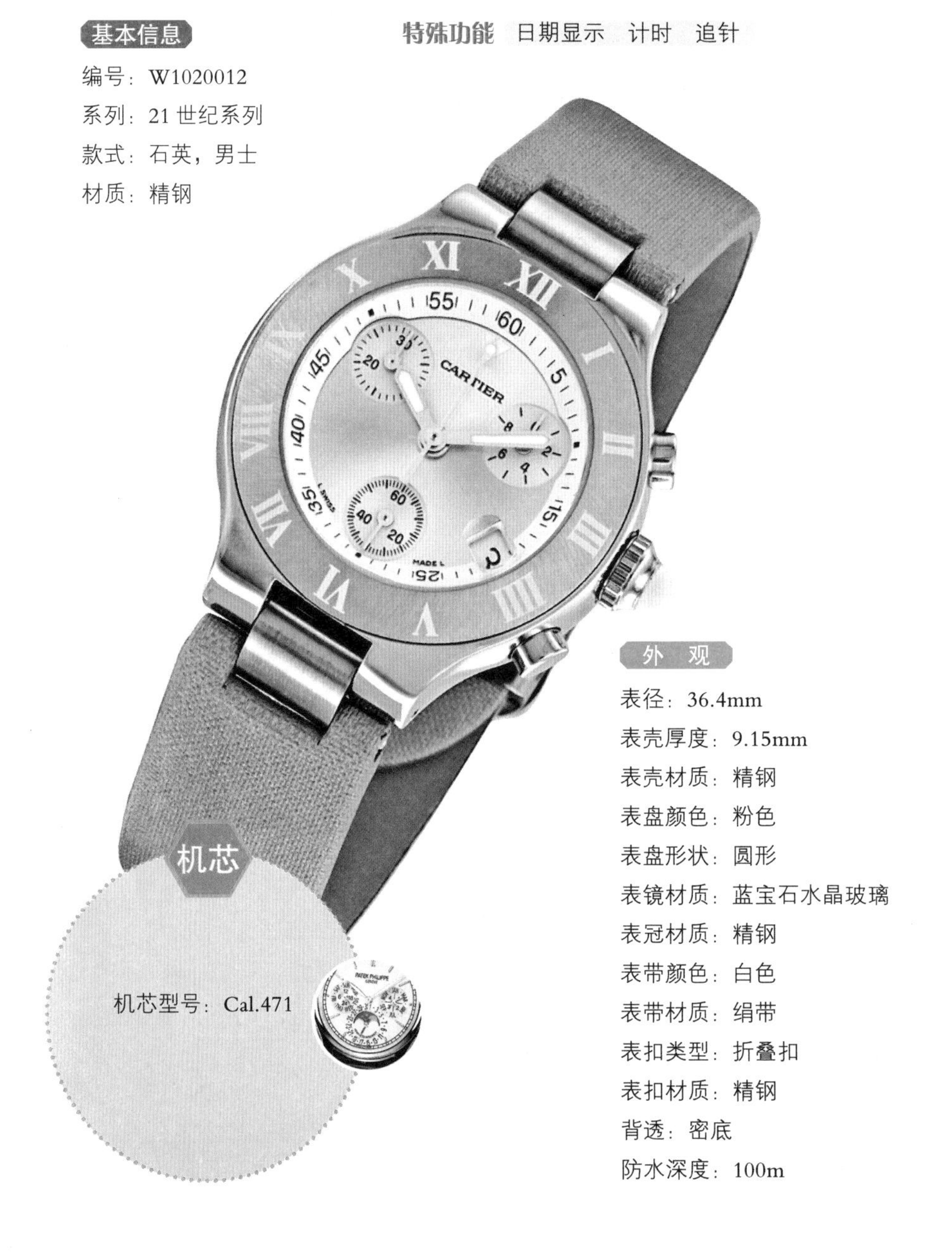

机芯

机芯型号：Cal.471

外 观

表径：36.4mm

表壳厚度：9.15mm

表壳材质：精钢

表盘颜色：粉色

表盘形状：圆形

表镜材质：蓝宝石水晶玻璃

表冠材质：精钢

表带颜色：白色

表带材质：绢带

表扣类型：折叠扣

表扣材质：精钢

背透：密底

防水深度：100m

ROTONDE DE CARTIER

卡地亚 ROTONDE DE CARTIER 系列 HPI00491 腕表

基本信息

编号：HPI00491

系列：ROTONDE DE CARTIER

款式：手动机械，女士

材质：18K 铂金镶钻，镶嵌圆形切割钻石

外 观

表径：44.5mm

表壳厚度：11.1mm

表壳材质：18K 铂金镶钻，镶嵌圆形切割钻石

表盘颜色：图案，翠鸟装饰

表盘形状：圆形

表盘材质：深紫色珍珠贝母及大溪地珍珠贝母，18K 铂金翠鸟装饰，镶嵌白钻及一颗干邑黄钻，祖母绿鸟眼，饰以半透明蓝色及不透明橙色、黄色及白色珐琅，剑形蓝钢指针

表镜材质：蓝宝石水晶玻璃

表冠材质：18K 铂金，镶嵌一颗钻石

表带颜色：黑色

表带材质：鳄鱼皮

表扣类型：折叠扣

表扣材质：18K 铂金镶钻

背透：背透

防水深度：30m

机芯

机芯型号：Cal.9458MC

机芯直径：39mm

机芯厚度：5.58mm

振频：21600/ 小时

宝石数：19 个

零件数：167 个

动力储备：50 小时

特殊功能 陀飞轮

酒桶形系列

卡地亚酒桶形系列 WE400331 腕表

基本信息

编号：WE400331
系列：酒桶形系列
款式：手动机械，女士
材质：18K 玫瑰金镶钻，镶嵌圆钻

外 观

表径：39.2mm
表壳厚度：7.52mm
表壳材质：18K 玫瑰金镶钻，镶嵌圆钻
表盘颜色：白色
表盘形状：酒桶形
表镜材质：矿物质玻璃
表冠材质：18K 玫瑰金，镶嵌一颗钻石
表带颜色：黑色
表带材质：布带
表扣类型：折叠扣
表扣材质：18K 玫瑰金
防水深度：30m

机芯

机芯型号：Cal.8970MC

天秤座系列

卡地亚天秤座系列 WD000002 腕表

基本信息

编号：WD000002

系列：天秤座系列

款式：石英，男士

材质：18K 铂金镶钻，镶衬圆形明亮式切割钻石

机芯型号：Cal.056

宝石数：5 个

外　观

表径：42.8mm

表壳厚度：10.73mm

表壳材质：18K 铂金镶钻，镶衬圆形明亮式切割钻石

表盘颜色：镶钻

表盘形状：圆形

表盘材质：珍珠贝母镶钻

表镜材质：蓝宝石水晶玻璃

表冠材质：18K 铂金

表带颜色：白色

表带材质：绢带

表扣类型：折叠扣

表扣材质：18K 铂金

防水深度：30m

浴缸

卡地亚浴缸系列 W8000002 腕表

基本信息

编号：W8000002

系列：浴缸

款式：手动机械，女士

材质：18K 玫瑰金

外 观

表径：44mm×34.07mm

表壳厚度：10.5mm

表壳材质：18K 玫瑰金

表盘颜色：银白色

表盘形状：椭圆形

表镜材质：蓝宝石水晶玻璃

表冠材质：18K 玫瑰金，镶嵌一颗蓝宝石

表带颜色：深棕色

表带材质：鳄鱼皮

表扣类型：针扣

表扣材质：18K 玫瑰金

背透：背透

防水深度：30m

机芯

机芯型号：Cal.430MC

基础机芯：Piaget 430P

宝石数：18 个

路易卡地亚圆形系列

卡地亚路易卡地亚圆形系列 W6800151 腕表

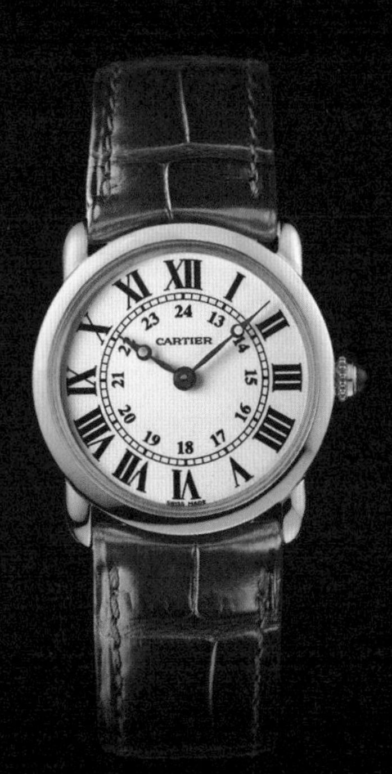

基本信息

编号：W6800151
系列：路易卡地亚圆形系列
款式：石英，女士
材质：18K 玫瑰金

外　观

表径：29mm
表壳厚度：6.63mm
表壳材质：18K 玫瑰金
表盘颜色：银白色
表盘形状：圆形
表镜材质：蓝宝石水晶玻璃
表冠材质：18K 玫瑰金，镶嵌一颗凸形蓝宝石
表带颜色：深棕色
表带材质：鳄鱼皮
表扣类型：针扣
表扣材质：18K 玫瑰金
背透：密底
防水深度：30m

机芯

机芯型号：Cal.690
基础机芯：ETA2836-2
机芯直径：25.6mm
振频：28800 次 / 小时
宝石数：30 个
动力储备：38 小时

CAPTIVE DE CARTIER

卡地亚 CAPTIVE DE CARTIER 系列 HPI00563 腕表

基本信息

编号：HPI00563

系列：CAPTIVE DE CARTIER

款式：石英，女士

材质：18K 铂金镶钻，镶嵌圆形明亮式切割钻石

特殊功能 陀飞轮

外 观

表径：35mm

表壳厚度：10mm

表壳材质：18K 铂金镶钻，镶嵌圆形明亮式切割钻石

表盘颜色：图案

表盘形状：圆形

表盘材质：18K 铂金表盘，内填珐琅蝴蝶及兰花装饰，镀铑剑形精钢指针

表镜材质：蓝宝石水晶玻璃

表冠材质：18K 铂金

表带颜色：红色

表带材质：鳄鱼皮

表扣类型：折叠扣

表扣材质：18K 铂金

防水深度：30m

机芯

机芯型号：Cal.056

宝石数：5 个

HIGH JEWELRY WATCHES

卡地亚 HIGH JEWELRY WATCHES 系列 HPI00341 腕表

基本信息

编号：HPI00341

系列：HIGH JEWELRY WATCHES

款式：石英，女士

材质：18K 铂金镶钻

机芯

机芯型号：Cal.056

宝石数：5 个

外　观

表径：43mm

表壳厚度：10.5mm

表壳材质：18K 铂金镶钻

表盘颜色：银白色

表盘形状：圆形

表盘材质：镀银

表带颜色：白色

表带材质：绢带

表扣类型：折叠扣

表扣材质：18K 铂金镶钻

防水深度：30m

卡地亚 HIGH JEWELRY WATCHES 系列 HPI00481 腕表

基本信息

编号：HPI00481

系列：HIGH JEWELRY WATCHES

款式：石英，女士

材质：18K 玫瑰金镶钻，镶嵌圆形明亮式切割钻石

外 观

表径：40mm

表壳厚度：12.5mm

表壳材质：18K 玫瑰金镶钻，镶嵌圆形明亮式切割钻石

表盘颜色：图案

表盘形状：圆形

表盘材质：2 朵 18K 玫瑰金花朵装饰，镶嵌圆形明亮式切割钻石及 2 颗粉色蓝宝石，2 只 18K 镀铑白金瓢虫，黑色及红色珐琅翅膀，镶嵌圆形明亮式切割钻石，18K 玫瑰金手工雕刻表盘，镀铑精钢剑形指针

表镜材质：蓝宝石水晶玻璃

表冠材质：18K 玫瑰金

表带颜色：米黄色

表带材质：绢带

表扣类型：折叠扣

表扣材质：18K 玫瑰金镶钻，镶嵌圆形明亮式切割钻石

防水深度：30m

机芯

机芯型号：Cal.056

宝石数：5 个

高级制表

卡地亚高级制表系列 W1553751 腕表

基本信息

编号：W1553751

系列：高级制表

款式：手动机械，男士

材质：18K 玫瑰金

外 观

表径：42mm

表壳厚度：11.6mm

表壳材质：18K 玫瑰金

表盘颜色：深灰色，电镀雕纹表盘

表盘形状：圆形

表镜材质：蓝宝石水晶玻璃

表冠材质：18K 玫瑰金，圆柱形表冠，镶嵌一颗凸圆形蓝宝石

表带颜色：黑色

表带材质：鳄鱼皮

表扣类型：折叠扣

表扣材质：18K 玫瑰金

背透：背透，蓝宝石玻璃

防水深度：30m

机芯

机芯型号：Cal.9905MC

机芯直径：31.8mm

机芯厚度：5.1mm

振频：28800/ 小时

宝石数：22 个

零件数：217 个

跑车系列

卡地亚跑车系列 W6206018 腕表

特殊功能 日期显示

基本信息

编号：W6206018
系列：跑车系列
款式：自动机械，男士
材质：精钢，黑色 ADLC 碳镀层

外 观

表径：46mm×45.6mm
表壳厚度：11.8mm
表壳材质：精钢，黑色 ADLC 碳镀层
表盘颜色：银白色
表盘形状：酒桶形
表盘材质：镀银
表镜材质：蓝宝石水晶玻璃
表带颜色：黑色
表带材质：橡胶
表扣类型：折叠扣
表扣材质：精钢
防水深度：100m

机芯

机芯型号：Cal.049
基础机芯：ETA2892-A2
机芯直径：25.6mm
机芯厚度：3.6mm
振频：28800 次 / 小时
宝石数：21 个
动力储备：42 小时

中文名	积家
英文名	Jaeger-LeCoultre
创始人	安东尼·拉考脱
创建时间	1833 年
发源地	瑞士·侏罗山谷
品牌系列	约会、电邮系列 Email、压缩大师、高级珠宝腕表、AMVOX、大师、超卓大师、双翼、翻转
品牌标识	“Jaeger”部分为“Edmond Jaeger”的姓；“LeCoultre”部分为“Antoine LeCoultre”的姓。标识象征着合作、亲密
设计风格	精雕细琢、非凡典范

安东尼·拉考脱

品牌故事

1833 年，安东尼·拉考脱（Antoine LeCoultre）通过自己的努力，发明出切削钟表齿轮的机具。很快，他决定自立门户。此后一段时间内，他陆续推出一系列崭新发明，以及数百项独家专利。

自 16 世纪开始，LeCoultre 家族就在汝山谷扮演了屯垦的先民角色。后来，垦殖汝山谷的 LeCoultre 家族延续到第十代子嗣——安东尼·拉考脱。

安东尼·拉考脱从小勤勉刻苦、见识不凡，在家传的打铁铺中，他领略到了冶金的奥秘。期间，他和父亲一同研发出各种新式合金，提升了八音盒振动簧片的音质。很快，安东尼·拉考脱对精益求精的追寻就引领他迈向机械艺术中的极致——钟表制作。

在发明切削钟表齿轮的机具后，安东尼·拉考脱在 1833 年正式成立自己的钟表工作坊，也就是现在积家的前身。在学习制作一枚完整机芯所必须具备的专业知识的过程当中，安东尼·拉考脱一步步朝自己的“初步计划”迈进，发明了多项仪器和装置，提升了钟表的精准度。

到 1888 年，安东尼·拉考脱的表厂已经达到能同时雇用 500 名员工的规模，而被汝山谷当地居民冠以“大工坊”的称号。在 1860 年到 1900 年之间，安东尼·拉考脱的表厂一共推出 350 多款不同机芯，在机芯制作的道路上越走越“精致”，而其中更有半数是复杂功能机芯，包括 99 枚各式问表机芯、66 枚三问表机芯，以及 128 枚计时秒表机芯，另外还有 33 枚机芯同时兼备了计时与问表功能。1890 年起，表厂先后推出完全自制的卓越复杂表款，使钟表同时具有万年历、计

积家 14K 铂金手动腕表

时秒及三问功能。

1903年，来自巴黎的法国海军专属钟表师 Edmond Jaeger 带着自家的超薄机芯设计前来瑞士寻找有能力的厂家，当时表厂创办人之孙 Jacques-David LeCoultre 大胆接受了这项挑战。他和 Edmond Jaeger 一见如故，两人很快建立伙伴关系。后来，两位制表名家还涉足腕表领域，推出初试啼声的划时代作品。两人亲密无间的合作最终促成了积家（Jaeger-LeCoultre）的诞生。

积家的钟表工匠力图让每一个制作过程都臻于完美。从罕见的手工工艺到卓尔不群的科技，积家把180余项制表技艺汇聚一堂，制造出一款款惊世绝伦的表。积家是当今世上少数掌握珐琅微绘技术的表厂之一。1994年，积家表厂决心重新揭开神秘工艺的面纱。如今，积家表厂的三位珐琅师已经掌握了所有传统技术：烈焰珐琅、珐琅镂雕、半透明以及掐丝珐琅。除了娴熟掌握拥有百年历史的传统镶嵌工艺外，积家还研发出两种创新独特的精湛镶嵌技术：雪花镶嵌和宝石镶嵌。

从1833年创立至今，积家拥有无数专利，为世界钟表业做出了不可磨灭的贡献。作为世界名表的代言人，积家钟表共有40个专职分工和20项尖端科技一起兼顾着每一个生产细节。不论是世界上最小巧的款式，还是多功能复杂腕表，积家钟表献给你的都是制作最细腻、成熟的精品。

经典系列

积家镂空万年历腕表

约会

约会系列女款日夜显示腕表展现富有创新的昼夜变化，精雕细琢的绝美表盘，环绕着一目了然的数字刻度，尽显最纯粹的装饰艺术风格。日月星云在6时位置变幻无穷。镶钻表圈为这款妩媚柔美的腕表增添耀眼光芒，搭载的自动上链机械机芯展现品牌高超卓越的制表技术。Rendez-Vous Tourbillon约会系列陀飞轮腕表的翻转框架更为宽大，抵消地心引力干扰，令走时更为精准。

积家作坊一景

积家约会系列 3468421 腕表

基本信息

编号：3468421

系列：约会

款式：自动机械，女士

材质：镶钻精钢

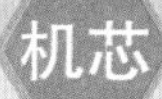

机芯型号：967A

机芯厚度：4.05mm

振频：28800 次 / 小时

宝石数：28 个

零件数：203 个

动力储备：42 小时

外　观

表壳材质：镶钻精钢

表盘颜色：银色

表盘形状：圆形

表冠材质：精钢

表带颜色：黑色

表带材质：鳄鱼皮

表扣类型：折叠扣

防水深度：30m

卓越的制表工艺

积家卓越的制表工艺系列 Q6052520 腕表

特殊功能 日期显示　双时区　陀飞轮

外　观

表壳材质：18K 玫瑰金
表盘颜色：银色
表盘形状：圆形
表镜材质：蓝宝石水晶玻璃
表冠材质：18K 玫瑰金
表带颜色：深棕色
表带材质：鳄鱼皮
表扣类型：针扣
表扣材质：18K 玫瑰金
防水深度：50m

机芯

机芯型号：Cal.382
机芯厚度：10.45mm
振频：21600 次 / 小时
宝石数：55 个
零件数：460 个
动力储备：45 小时

基本信息

编号：Q6052520
系列：卓越的制表工艺
款式：手动机械，男士
材质：18K 玫瑰金

压缩大师

积家潜水系列 Q207857J 腕表

基本信息

编号：Q207857J

系列：压缩大师

款式：自动机械，男士

材质：精钢

特殊功能 计时

外 观

表壳材质：精钢

表盘颜色：黑色

表盘形状：圆形

表镜材质：蓝宝石水晶玻璃

表冠材质：精钢

表带颜色：黑色

表带材质：小牛皮

表扣类型：针扣

表扣材质：精钢

防水深度：100m

机芯

机芯型号：Cal.751G

机芯厚度：5.65mm

振频：28800 次 / 小时

宝石数：37 个

零件数：235 个

动力储备：65 小时

高级珠宝腕表

积家 MASTER CONTROL 系列 Q3412401 腕表

基本信息

编号：Q3412401

系列：高级珠宝腕表

款式：自动机械，女士

材质：18K 玫瑰金镶钻

特殊功能 陀飞轮

机芯

机芯型号：Cal.978

机芯厚度：7.05mm

振频：28800 次 / 小时

宝石数：33 个

零件数：302 个

动力储备：45 小时

外 观

表壳材质：18K 玫瑰金镶钻

表盘颜色：镶钻

表盘形状：圆形

表盘材质：镶钻

表带颜色：深棕色

表带材质：丝缎

表扣类型：折叠扣

表扣材质：18K 玫瑰金

阿斯顿马丁 AMVOX

积家阿斯顿马丁 AMVOX 系列 192H47A 腕表

基本信息

编号：192H47A

系列：阿斯顿马丁 AMVOX

款式：自动机械，男士

材质：18K 玫瑰金 / 钛金

特殊功能

日期显示

计时

机芯

机芯型号：751E

机芯厚度：5.65mm

振频：28800 次 / 小时

宝石数：41 个

零件数：280 个

动力储备：65 小时

外 观

表壳材质：18K 玫瑰金 / 钛金

表盘颜色：黑色

表盘形状：圆形

表镜材质：蓝宝石水晶玻璃

表冠材质：18K 玫瑰金

表带颜色：黑色

表带材质：牛皮

表扣类型：折叠扣

大师系列

积家 Master Control 系列 Q16164SQ 腕表

基本信息

编号：Q16164SQ

系列：大师系列

款式：手动机械，男士

材质：950 铂金

机芯

机芯型号：Cal.876SQ

机芯厚度：6.6mm

振频：28800 次 / 小时

宝石数：37 个

零件数：260 个

动力储备：192 小时

外　观

表壳材质：950 铂金

表盘颜色：镂空

表盘形状：圆形

表带颜色：黑色

表带材质：鳄鱼皮

表扣类型：折叠扣

表扣材质：950 铂金

防水深度：50m

特殊功能

日期显示　月份显示　年历显示　万年历

月相　动力储备显示　全镂空

超卓大师系列

积家 Master Grande Tradition 系列 Q500242A 腕表

基本信息

编号：Q500242A
系列：超卓大师系列
款式：自动机械，男士
材质：18K 玫瑰金

外　观

表壳材质：18K 玫瑰金
表盘颜色：银灰色
表盘形状：圆形
表带颜色：深棕色
表带材质：鳄鱼皮
表扣材质：18K 玫瑰金
防水深度：50m

机芯

机芯型号：Cal.987
机芯厚度：8.15mm
振频：28800 次 / 小时
宝石数：47 个
零件数：401 个
动力储备：48 小时

特殊功能　日期显示　星期显示　万年历　陀飞轮

双翼系列

积家 Duometre 系列 Q6042521 腕表

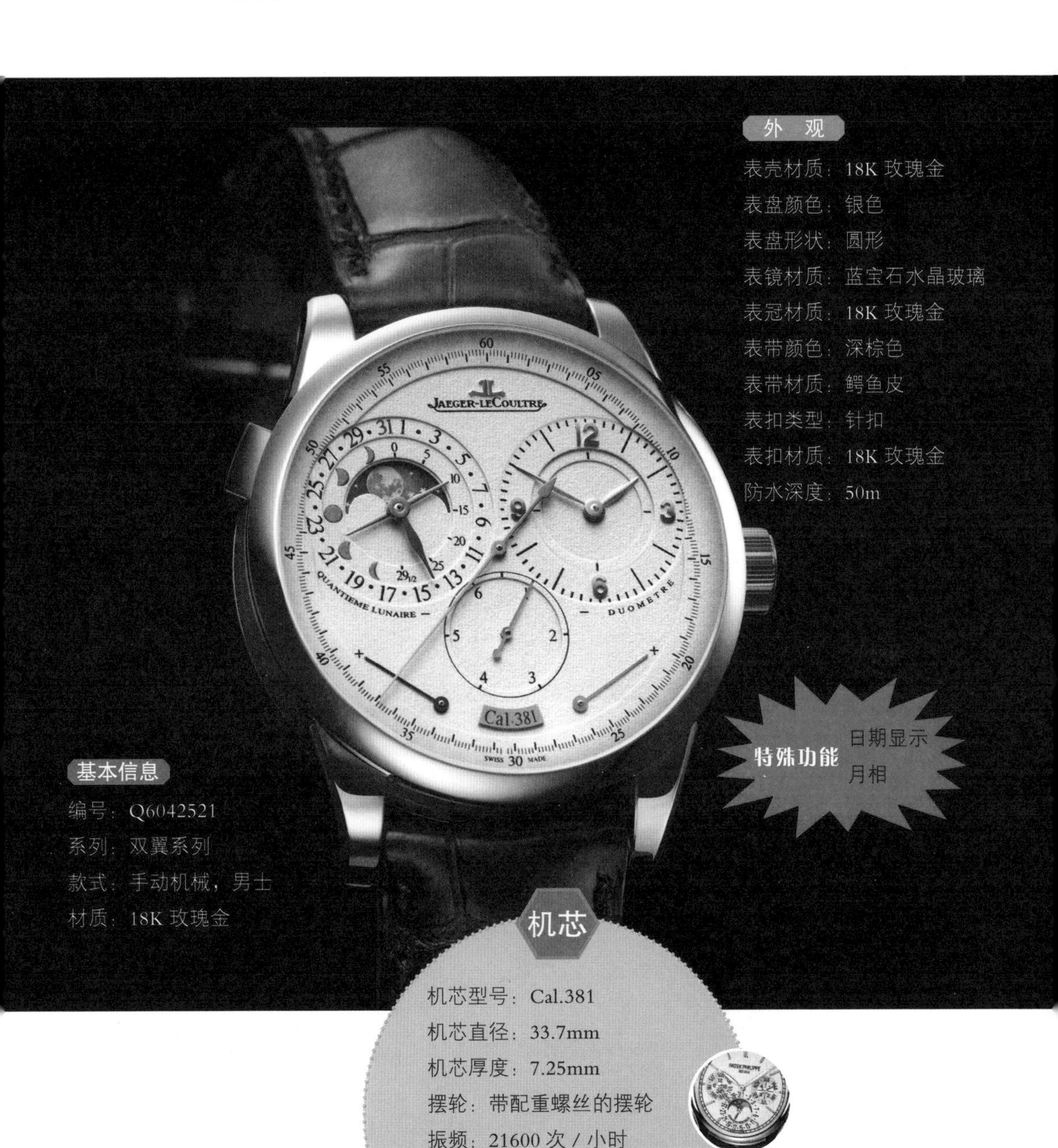

外 观

表壳材质：18K 玫瑰金
表盘颜色：银色
表盘形状：圆形
表镜材质：蓝宝石水晶玻璃
表冠材质：18K 玫瑰金
表带颜色：深棕色
表带材质：鳄鱼皮
表扣类型：针扣
表扣材质：18K 玫瑰金
防水深度：50m

特殊功能

日期显示
月相

基本信息

编号：Q6042521
系列：双翼系列
款式：手动机械，男士
材质：18K 玫瑰金

机芯

机芯型号：Cal.381
机芯直径：33.7mm
机芯厚度：7.25mm
摆轮：带配重螺丝的摆轮
振频：21600 次 / 小时
宝石数：40 个
零件数：374 个
动力储备：50 小时

翻转系列

积家复杂特殊功能系列 Q2718110 腕表

基本信息

编号：Q2718110

系列：翻转系列

款式：手动机械，男士

材质：精钢

机芯

机芯型号：Cal.E23-250SC

机芯直径：23.9mm

机芯厚度：3.8mm

宝石数：21 个

零件数：180 个

电池寿命：3 年

外 观

表径：42.2mm×26mm

表壳材质：精钢

表盘颜色：银白色

表盘形状：方形

表镜材质：蓝宝石水晶玻璃

表带颜色：银色

表带材质：精钢

表扣类型：折叠扣

表扣材质：精钢

防水深度：30m

劳力士

ROLEX

——时刻创永恒

中文名	劳力士
英文名	ROLEX
创始人	汉斯·威尔斯多夫
创建时间	1908 年
发源地	瑞士·拉绍德封
品牌系列	蚝式恒动、游艇名仕型、潜航者型、MILGAUSS、格林尼治型 II、探险家型、迪通拿、星期日历型、日志型、日志型 II、切利尼
品牌标识	劳力士表最初的标识为一只伸开五指的手掌，它表示该品牌的手表完全是靠手工精雕细琢的。后来才逐渐演变为皇冠的注册商标，以示其在手表领域中的霸主地位，展现着劳力士在制表业的帝王之气
设计风格	庄重、实用、不显浮华

汉斯·威尔斯多夫

品牌故事

1881年，汉斯·威尔斯多夫（Hans Wilsdorf）出生在巴伐利亚。1905年，汉斯·威尔斯多夫在英国创办了一家名为“Wilsdorf&Davis”的钟表公司，这就是劳力士的前身。

汉斯·威尔斯多夫既不是瑞士人，也不是制表匠，但是他非常有商业头脑，他将瑞士机芯进口到英国，然后和其他品牌的表壳进行组装，最后卖给珠宝商。

1908年，汉斯·威尔斯多夫在瑞士注册商标“劳力士（ROLEX）”，这标志

劳力士腕表

蚝式腕表

着劳力士的诞生。1912 年，劳力士离开英国，搬到了日内瓦。1915 年 11 月 15 日，正式在瑞士注册为劳力士公司。从此，世界上又多了一个奢侈品牌。

1910 年，劳力士研制出体积小巧可以佩戴在腕上的表，掀起了钟表业的一场革命，把传统的袋表统统送进了博物馆。

1926 年，蚝式表壳面世，成为世上第一个真正防水、防尘的设计。

1945 年，劳力士在他们的“日志型”系列加上了自动日历转换装置，成为世界上第一只带日历的天文台表。

表盘、表针、表壳、表带、机芯，如果具备这些部分是否人人都可以做制表大师呢？当然不是，因为这需要精湛的工艺，并且每一款表都是制表大师精心设计出来的。我们可不可以设计自己喜爱的表呢？其他品牌当然不可以，劳力士却可以。只要你按照自己的喜好将表壳、表带、型号、表盘特征讲清楚，就可以将劳力士两大系列不同风格的款式任意组合在一起。

坚固的外壳与耐久性以及精密的机能，让劳力士拥有其他钟表无法匹敌的人气。在劳力士不长的历史中，这方面的美谈不胜枚举。而在种类繁多的款式中，又以黄金与白金等镶有贵金属的款式最受欢迎。不输给稀少素材压倒性的存在感、重量感以及光泽，将它当作装饰品的一部分优雅地戴上吧！

在机械表时代，劳力士一直是钟表行业的领头羊。直到今天，其超卓的工艺和技术依旧使它保持着手表业的翘楚地位。

劳力士独具匠心的表壳线条、不易磨损的水晶表面配合紧锁上链表冠，令杰出运动员喜爱它，探险家信赖它，艺术家欣赏它。今天，劳力士手表已经不是单纯的手表了，它已经演化为一种高档首饰，一种高贵生活的体现。

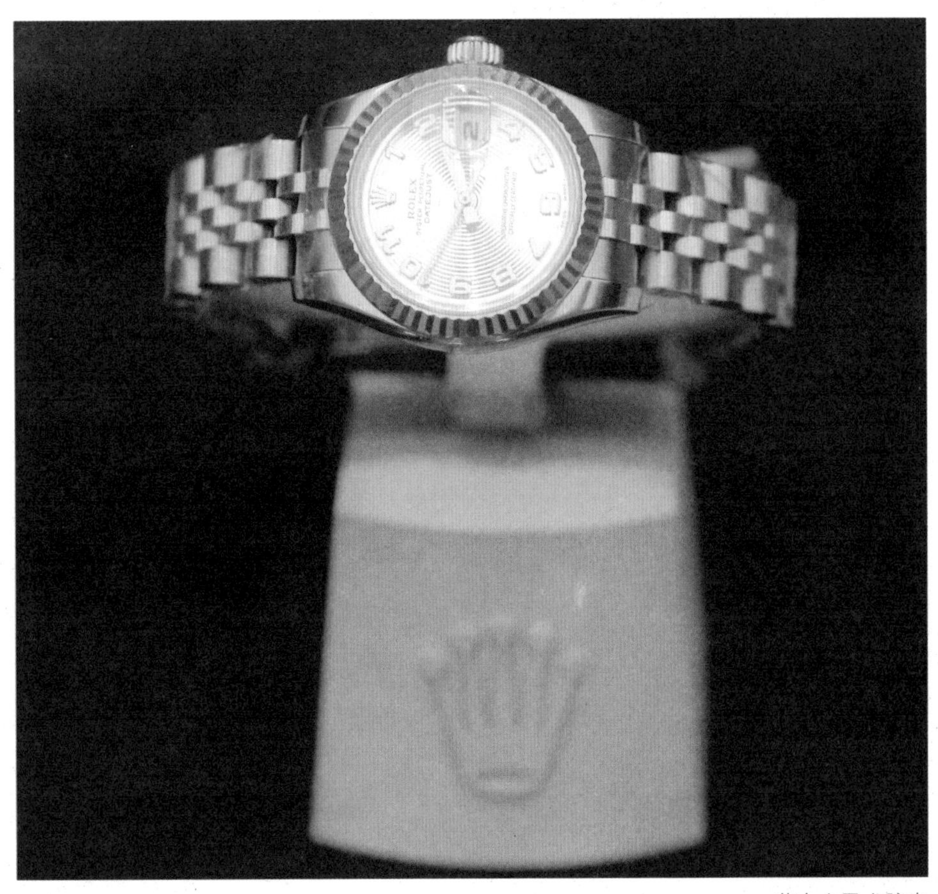

劳力士男士腕表

经典系列

蚝式恒动

劳力士蚝式恒动系列 178274-63160 表盘烙印白色铑质花卉图案腕表

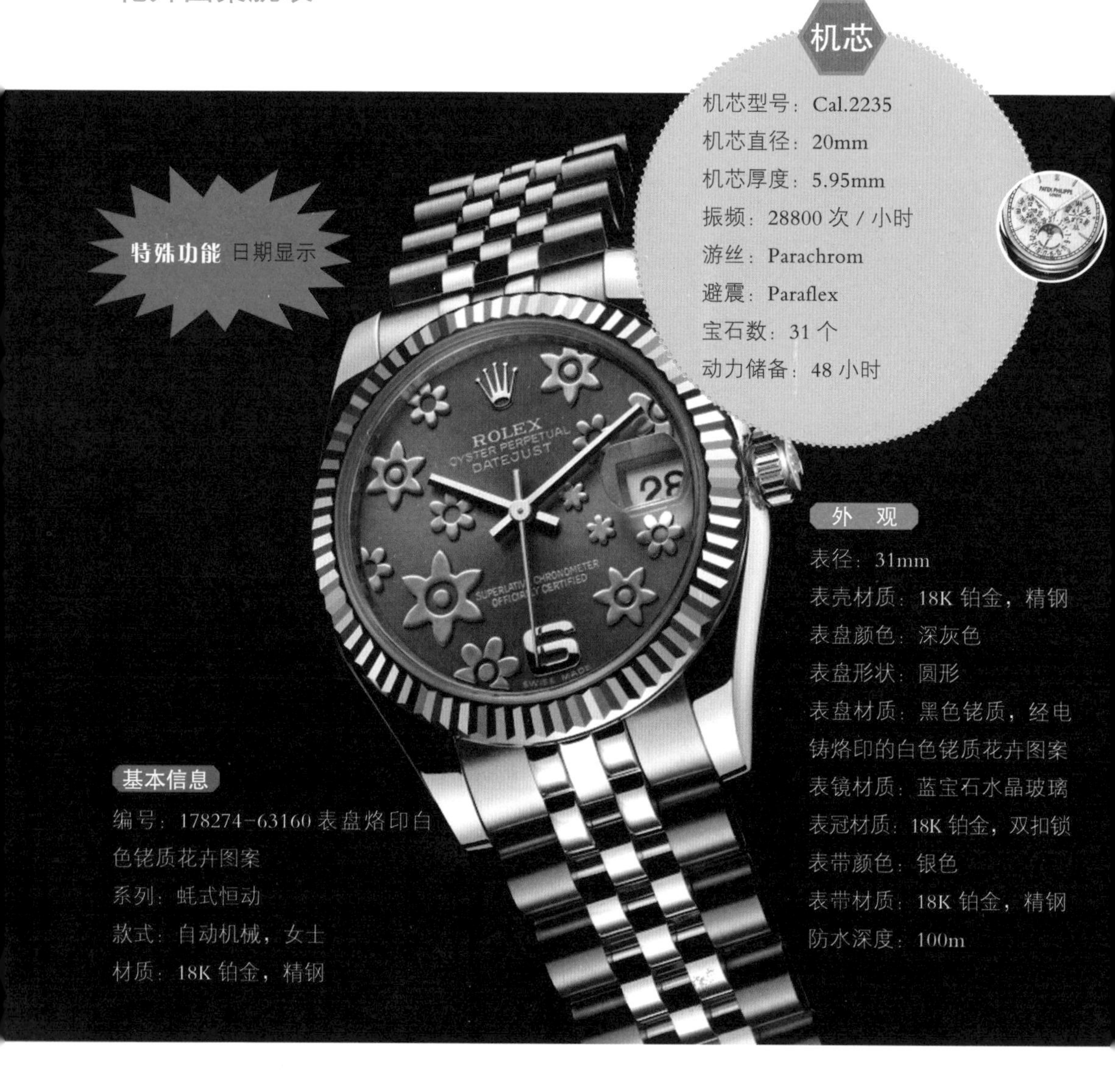

特殊功能 日期显示

机芯

机芯型号：Cal.2235
机芯直径：20mm
机芯厚度：5.95mm
振频：28800 次 / 小时
游丝：Parachrom
避震：Paraflex
宝石数：31 个
动力储备：48 小时

外 观

表径：31mm
表壳材质：18K 铂金，精钢
表盘颜色：深灰色
表盘形状：圆形
表盘材质：黑色铑质，经电铸烙印的白色铑质花卉图案
表镜材质：蓝宝石水晶玻璃
表冠材质：18K 铂金，双扣锁
表带颜色：银色
表带材质：18K 铂金，精钢
防水深度：100m

基本信息

编号：178274-63160 表盘烙印白色铑质花卉图案
系列：蚝式恒动
款式：自动机械，女士
材质：18K 铂金，精钢

劳力士 Sky Dweller 系列 326935 腕表

基本信息

编号：326935

系列：蚝式恒动

款式：自动机械，男士

材质：18K 玫瑰金

外 观

表径：42mm

表壳材质：18K 玫瑰金

表盘颜色：深棕色

表盘形状：圆形

表镜材质：蓝宝石水晶玻璃

表冠材质：18K 玫瑰金，旋入式双扣锁防水表冠

表带颜色：深棕色

表带材质：鳄鱼皮

表扣材质：18K 玫瑰金

背透：密底

防水深度：100m

机芯

机芯型号：Cal.9001

振频：28800 次 / 小时

宝石数：40 个

动力储备：72 小时

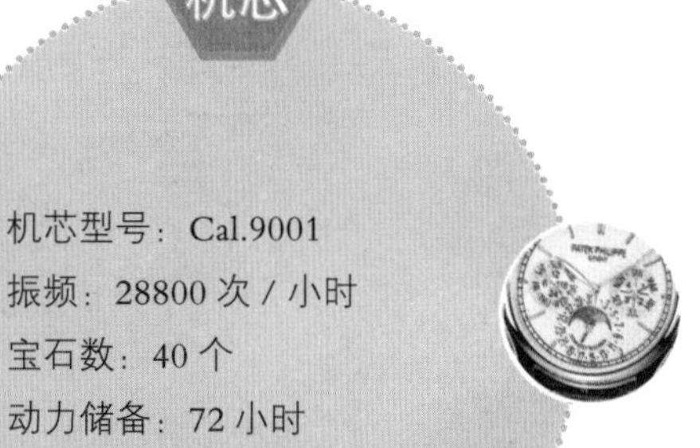

潜航者型

劳力士潜航者日历型系列 116610LV 绿盘腕表

基本信息

编号：116610LV 绿盘

系列：潜航者型

款式：自动机械，男士

材质：蚝式钢

外　观

表径：40mm

表壳材质：蚝式钢

表盘颜色：绿色

表盘形状：圆形

表镜材质：蓝宝石水晶玻璃

表冠材质：蚝式钢

表带颜色：银色

表带材质：蚝式钢

表扣类型：折叠扣

表扣材质：蚝式钢

防水深度：300m

特殊功能 日期显示

机芯

机芯型号：Cal.3135

机芯直径：28.5mm

机芯厚度：6mm

振频：28800 次 / 小时

宝石数：31 个

动力储备：48 小时

MILGAUSS

劳力士 MILGAUSS 系列 116400 黑盘腕表

基本信息

编号：116400 黑盘

系列：MILGAUSS

款式：自动机械，男士

材质：蚝式钢

外 观

表径：40mm

表壳材质：蚝式钢

表盘颜色：黑色

表盘形状：圆形

表镜材质：蓝宝石水晶玻璃

表冠材质：蚝式钢

表带颜色：银色

表带材质：蚝式钢，蚝式表带配蚝式带扣和易调链节

表扣类型：折叠扣

表扣材质：蚝式钢

防水深度：100m

特殊功能 防磁

机芯

机芯型号：Cal.3132

机芯直径：39mm

格林尼治型 II

劳力士格林尼治型 II 系列 116713LN 腕表

基本信息

编号：116713LN

系列：格林尼治型 II

款式：自动机械，男士

材质：黄金及钢

特殊功能 日期显示

外　观

表径：40mm

表壳材质：黄金及钢

表盘颜色：黑色

表盘形状：圆形

表镜材质：蓝宝石水晶玻璃

表带颜色：间金

表带材质：黄金及钢

表扣类型：折叠扣

表扣材质：18K 黄金，不锈钢

防水深度：100m

机芯

机芯型号：Cal.3186

宝石数：31 个

迪通拿

劳力士宇宙计型迪通拿系列 116518 蓝盘腕表

特殊功能 计时 防磁

基本信息

编号：116518 蓝盘

系列：迪通拿

款式：自动机械，男士

材质：18K 黄金

外 观

表径：40mm

表壳材质：18K 黄金

表盘颜色：深蓝色

表盘形状：圆形

表镜材质：蓝宝石水晶玻璃

表冠材质：黄金

表带颜色：深棕色

表带材质：真皮

表扣类型：折叠扣

表扣材质：18K 黄金

防水深度：100m

机芯

机芯型号：Cal.4130

振频：28800 次 / 小时

动力储备：72 小时

星期日历型

劳力士星期日历型 II 系列 218206 冰蓝盘腕表

基本信息

编号：218206 冰蓝盘
系列：星期日历型
款式：自动机械，男士
材质：950 铂金

特殊功能
日期显示
星期显示

外观

表径：41mm
表壳材质：950 铂金
表盘颜色：浅蓝色
表盘形状：圆形
表镜材质：蓝宝石水晶玻璃
表带颜色：银色
表带材质：950 铂金
表扣类型：皇冠带扣
表扣材质：950 铂金
防水深度：100m

机芯

机芯型号：Cal.3156
机芯直径：30.97mm
振频：28800 次 / 小时
宝石数：31 个
动力储备：48 小时

日志型

劳力士日志型系列 116138 黑盘镶钻腕表

基本信息

编号：116138 黑盘镶钻

系列：日志型

款式：自动机械，男士

材质：18K 黄金

外 观

表径：36mm

表壳材质：18K 黄金

表盘颜色：黑色

表盘形状：圆形

表盘材质：10 颗镶钻时标

表镜材质：蓝宝石水晶玻璃

表带颜色：黑色

表带材质：鳄鱼皮

表扣材质：18K 黄金

防水深度：100m

机芯

机芯型号：Cal.3135

机芯直径：28.5mm

机芯厚度：6mm

振频：28800 次 / 小时

宝石数：31 个

动力储备：48 小时

特殊功能 日期显示

日志型 II

劳力士日志型 II 系列 116300 腕表

基本信息

编号：116300

系列：日志型 II

款式：自动机械，男士

材质：不锈钢

外　观

表径：41mm

表壳材质：不锈钢

表盘颜色：银灰色

表盘形状：圆形

表盘材质：不锈钢

表镜材质：蓝宝石水晶玻璃

表冠材质：不锈钢

表带颜色：银色

表带材质：不锈钢，蚝式表带

表扣类型：折叠扣

表扣材质：不锈钢

防水深度：100m

机芯

机芯型号：Cal.3136

宝石数：31 个

特殊功能 日期显示

Girard 芝柏 Perregaux

——历尽时间洗礼，尽现生命真谛

中文名	芝柏
英文名	Girard-Perregaux
创始人	Jean-Francois Bautte、Constant Girard
创建时间	1791 年
发源地	瑞士·拉绍德封
品牌系列	WW.TC、WW.TC ONLY WATCH2011、高级钟表、1966、CAT'S EYE、VINTAGE1945、SEAHAWK、RICHEVILLE、LAUREATO、R&D01
品牌标识	芝柏表的标识是由两位创始人的姓氏构成，而其简称 GP 又朗朗上口；其灰色的底面透露着典雅含蓄，正如芝柏表的创作精髓，拥有很高的品质却不张扬
设计风格	奢华、典雅

品牌故事

芝柏不锈钢手表

芝柏一共有两个创始人，其中一个创始人是来自日内瓦的让－弗朗索瓦·包特（Jean-Francois Bautte）。让－弗朗索瓦·包特于1772年3月26日出生，生活在一个劳工家庭。

12岁的时候，让－弗朗索瓦·包特投身到制表业，开始拜师学艺。1791年，19岁的让－弗朗索瓦·包特打造出刻有自己名号的钟表。这就是芝柏的前身。

1837年11月，让－弗朗索瓦·包特逝世，享年65岁。为纪念他，他的儿子雅克·包特和女婿让－塞缪尔·罗塞尔一起创立了“Jean-Francois Bautte”公司。

1883年，“Jean-Francois Bautte”公司改名为“JRossel Fils”。1906年，JRossel Fils和康士坦特·芝勒德夫妻所创的芝柏表厂合并，取名为芝柏Girard-Perregaux。

从19世纪中期开始，芝柏便开始制造陀飞轮表。表厂创办人康士坦特·芝勒德于1867年发明了三金桥陀飞轮。这一发明基本上确定了机械机芯的结构。三金桥陀飞轮表一经推出，便在巴黎万国博览会上获得金奖；1889年，三金桥陀飞轮表再次在巴黎世界博览会上赢得金奖，被称为“钟表界的蒙娜丽莎”。

三金桥陀飞轮表（圆）

三金桥陀飞轮表（方）

1932 年，芝柏横扫美洲后在美国设立了分公司。

第二次世界大战爆发后，各行各业都受到影响，而芝柏的运作几乎没有受到任何影响。

1986 年，芝柏开始设计三金桥陀飞轮腕表。5 年后，也就是 1991 年，芝柏三金桥陀飞轮腕表首次面世。从技术上而言，三金桥陀飞轮腕表将机芯缩小至容纳于 12 法分（法国古长度单位，1 法分约合 2.25583mm）直径的面积内，令三金桥变成表盘。这些创作，无疑成为芝柏表的骄人标志。

1993 年，芝柏同法拉利签订协议，创作了双秒针分段计时表的限量版，推出充满跑车概念的“法拉利”“法拉利总裁表”“计时码表”。

1995 年，芝柏推出 VINTAGE1945 系列，该表为 20 世纪 40 年代的复古线条注入了现代元素，充分凸显了视觉和舒适度的协调性。

经过不断的发展，现在的芝柏已经是瑞士少数能够自主设计生产机芯的厂家之一。为了能够生产出更好的机芯和钟表，芝柏丰富的技术经验被充分发挥出来，“研究和开发”部门有很多经验丰富的制表师。他们严格控制着每一个生产流程，把传统制表工艺和尖端先进科技不可思议地巧妙结合在一起，生产出一款款出人意料的杰作。

经典系列

WW.TC 系列

芝柏 WW.TC 珐琅表盘系列 49870-52/49870-53 腕表

基本信息

编号：49870-52/49870-53

系列：WW.TC

款式：自动机械，男士

材质：18K 玫瑰金

机芯

机芯型号：GP033G0

机芯直径：26mm

机芯厚度：4.52mm

振频：28800 次 / 小时

宝石数：27 个

动力储备：46 小时

特殊功能

日期显示　万年历　月相　双时区　世界时

计时　追针　动力储备显示　陀飞轮　三问

外　观

表径：41mm

表壳厚度：11mm

表壳材质：18K 玫瑰金

表盘颜色：图案

表盘形状：圆形

表镜材质：蓝宝石水晶玻璃

表带颜色：深棕色

表带材质：鳄鱼皮

表扣材质：18K 玫瑰金

防水深度：30m

WW.TC ONLY WATCH2011 系列

芝柏 WW.TC ONLY WATCH2011 系列 ww.tc Only Watch 腕表

基本信息

编号：ww.tc Only Watch

系列：WW.TC

款式：自动机械，男士

材质：钛金属

外　观

表径：43mm

表壳厚度：13.4mm

表壳材质：钛金属

表盘颜色：黑色

表盘形状：圆形

表镜材质：蓝宝石水晶玻璃

表冠材质：硫化橡胶按把和表冠

表带颜色：黑色

表带材质：橡胶

表扣类型：折叠扣

表扣材质：黑色类钻碳(DLC)钛折叠表扣

背透：背透，蓝宝石玻璃

防水深度：100m

机芯

机芯型号：GP03387

机芯直径：29.4mm

机芯厚度：9.3mm

振频：28800 次 / 小时

宝石数：63 个

动力储备：46 小时

特殊功能　日期显示　月相　世界时　计时飞返 / 逆跳

高级钟表系列

芝柏高级钟表系列 99498B53P7B1-KK7A 腕表

基本信息

编号：99498B53P7B1-KK7A
系列：高级钟表
款式：手动机械，女士
材质：18K 铂金镶钻

外　观

表径：32.9mm×38.4mm
表壳厚度：12.57mm
表壳材质：18K 铂金镶钻
表盘颜色：镶钻
表盘形状：椭圆形
表镜材质：蓝宝石水晶玻璃
表冠材质：18K 铂金镶钻，表冠共镶 12 颗长方钻及 1 颗玫瑰切割钻石，约 0.58 克拉
表带颜色：灰色
表带材质：绢带
表扣类型：针扣
表扣材质：18K 铂金镶钻，针扣镶 13 颗长方钻，约 0.56 克拉
防水深度：100m

特殊功能 陀飞轮

机芯

机芯型号：GP9700-0006
机芯直径：26mm×32mm
振频：21600 次 / 小时
宝石数：31 个
动力储备：75 小时

1966 系列

芝柏 1966 系列 49524D52A751–CK6A 腕表

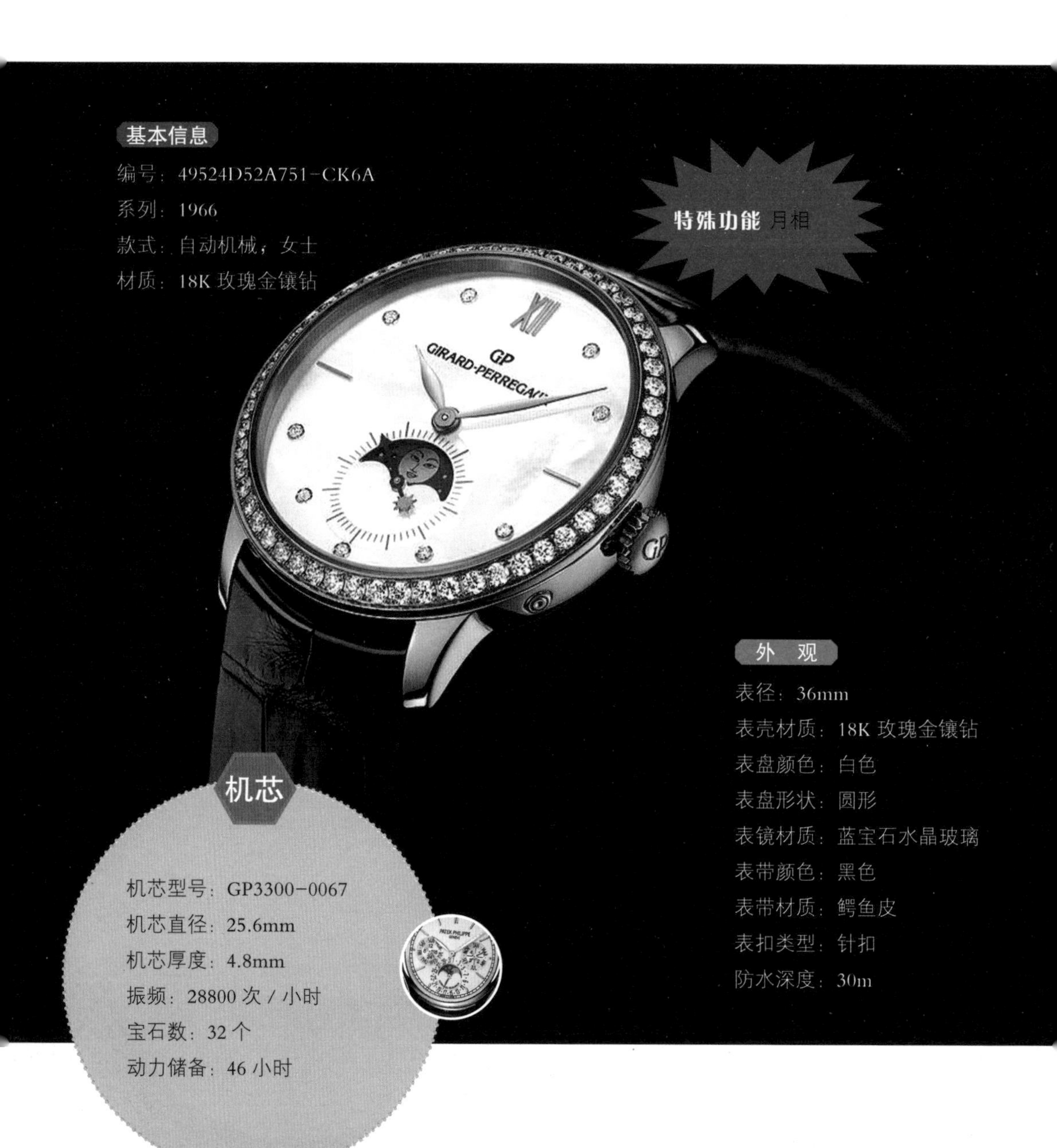

基本信息

编号：49524D52A751–CK6A

系列：1966

款式：自动机械；女士

材质：18K 玫瑰金镶钻

特殊功能 月相

外　观

表径：36mm

表壳材质：18K 玫瑰金镶钻

表盘颜色：白色

表盘形状：圆形

表镜材质：蓝宝石水晶玻璃

表带颜色：黑色

表带材质：鳄鱼皮

表扣类型：针扣

防水深度：30m

机芯

机芯型号：GP3300–0067

机芯直径：25.6mm

机芯厚度：4.8mm

振频：28800 次 / 小时

宝石数：32 个

动力储备：46 小时

CAT'S EYE系列

芝柏 CAT'S EYE 系列 80484D52A761-BK7A 腕表

基本信息

编号：80484D52A761-BK7A

系列：CAT'S EYE

款式：自动机械，女士

材质：18K 玫瑰金

外　观

表径：35.4mm×30.4mm

表壳材质：18K 玫瑰金

表盘颜色：贝母白

表盘形状：椭圆形

表镜材质：蓝宝石水晶玻璃

表带颜色：白色

表带材质：鳄鱼皮

表扣类型：折叠扣

防水深度：30m

机芯

机芯型号：GP03300-0044

振频：28800 次 / 小时

宝石数：28 个

动力储备：46 小时

VINTAGE1945 系列

芝柏 VINTAGE1945 系列 25750D52A161-CK7A 腕表

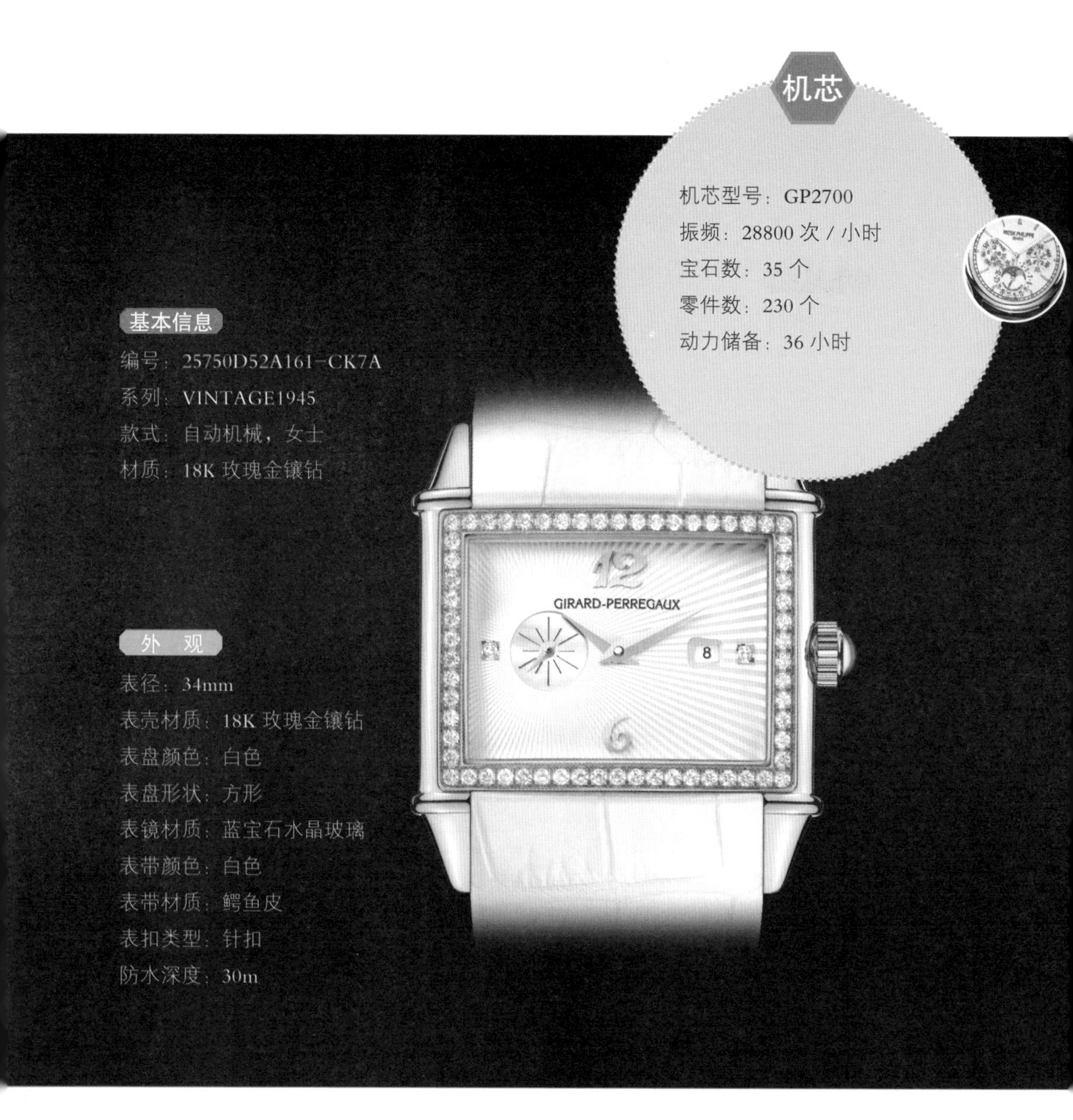

机芯

机芯型号：GP2700

振频：28800 次 / 小时

宝石数：35 个

零件数：230 个

动力储备：36 小时

基本信息

编号：25750D52A161-CK7A

系列：VINTAGE1945

款式：自动机械，女士

材质：18K 玫瑰金镶钻

外 观

表径：34mm

表壳材质：18K 玫瑰金镶钻

表盘颜色：白色

表盘形状：方形

表镜材质：蓝宝石水晶玻璃

表带颜色：白色

表带材质：鳄鱼皮

表扣类型：针扣

防水深度：30m

RICHEVILLE 系列

芝柏 RICHEVILLE 系列 27610–11–152–BA6A 腕表

基本信息

编号：27610–11–152–BA6A

系列：RICHEVILLE

款式：自动机械，男士

材质：精钢

外　观

表径：37mm

表壳厚度：11.1mm

表壳材质：精钢

表盘颜色：银白色

表盘形状：酒桶形

表镜材质：蓝宝石水晶玻璃

表冠材质：精钢

表带颜色：黑色

表带材质：鳄鱼皮

表扣材质：精钢

背透：背透

防水深度：30m

特殊功能 动力储备显示

机芯

机芯型号：GP033G0

机芯直径：26mm

机芯厚度：4.52mm

振频：28800 次 / 小时

宝石数：27 个

动力储备：46 小时

R&D01 系列

芝柏 R&D01 系列 49930-11-612AFK6A 腕表

基本信息

编号：49930-11-612AFK6A

系列：R&D01

款式：自动机械，男士

材质：精钢

外　观

表径：43mm

表壳厚度：13.7mm

表壳材质：精钢

表盘颜色：黑色

表盘形状：圆形

表镜材质：蓝宝石水晶玻璃

表带颜色：黑色

表扣材质：精钢

防水深度：50m

特殊功能

日期显示

计时

机芯

机芯型号：GP033C0

机芯直径：30mm

机芯厚度：8.48mm

振频：28800 次 / 小时

宝石数：63 个

动力储备：46 小时

JB 1735
BLANCPAIN

宝珀

Blancpain

——瑞士传统，自乾隆立朝延绵至今……

中文名	宝珀
英文名	Blancpain
创始人	贾汗·雅克·宝珀
创建时间	1735 年
发源地	瑞士·侏罗山
品牌系列	运动五十英寻、女士腕表、特别系列、Villeret、进化系列、莱芒湖、布拉苏斯
品牌标识	“1735”是宝珀创立制表工坊的时间，下面是宝珀的英文名字“Blancpain”
设计风格	传统、精细、唯美

宝珀

品牌故事

1735 年，制表大师贾汗·雅克·宝珀（Jehan Jacques Blancpain）在瑞士西部静谧的侏罗山区创立了一间制表工坊。

18 世纪末，贾汗·雅克·宝珀的儿子大卫·路易士·宝珀（David Louis Blancpain）开始在邻国销售家族的钟表。每当制作好一些钟表之后，他就把它们装上马车或乘坐邮件马车把这些钟表送到外国客户的手里。然而，没过多久，在法国发生的大革命就使宝珀表厂陷入了困境。不过，恶劣的外部环境并没有阻碍宝珀的发展，即使在这艰难的岁月中，宝珀依然把业务扩展到整个欧洲。

1815 年，宝珀家族成立钟表制造厂，并开始以“Blancpain”为产品标识。宝珀的出现，是瑞士钟表业从“匠人作坊时代”跨入“品牌时代”的里程碑。

20 世纪 20 年代，宝珀开始大批量生产自动上条机械腕表，并把产品销售到法国市场。1931 年，受巴黎著名的珠宝商 Leon Hatot 委托，宝珀推出了名为“Rolls”的长方形自动腕表，当即席卷整个制表业。

1956 年，宝珀又推出了一款“Ladybird”腕表，作为当时最细小的圆形机械腕表而备受女士们青睐。

1982 年，宝珀公司制作出六款杰出的腕表作品：月相显示腕表、超薄腕表、三问打簧腕表、陀飞轮腕表、万年历腕表和双秒针分段计时码表。此后，宝珀公

现代工艺下的宝珀女士腕表

司在这些表款的基础上不断推出新设计和功能更加复杂的腕表。其中，包括世界上最小的自动上条计时码表、具有日历显示和双指针分段计时功能表、最小的具有月相显示功能的自动机械腕表、最薄的三问打簧腕表等。

1991 年，宝珀推出了一款超级复杂功能腕表。这款腕表，再次创造了伟大纪录。为了表示对创始人贾汗・雅克・宝珀的敬意，也为了纪念公司成立的年份，它被命名为“1735”。这只腕表，从设计到制造完成，一共用了六年时间。此表的自动上条机芯属于超薄型设计，由 1740 个零件组成，具备包括双指针分段计时、万年历、三问打簧和陀飞轮在内的众多功能。宝珀的这一杰作震惊了钟表行业。

1994 年，宝珀推出了具有 100 小时动力储存功能的自动上条机械运动表。

宝珀 2007 年推出的半镂空复杂功能腕表

1998 年，宝珀推出了“2125”腕表，该表是具有八天动力储存和陀飞轮功能的自动上条腕表，具有 100m 的防水性能。同年，宝珀还推出了另外一款三问打簧腕表，其设计异常复杂的程度，突破了传统三问表中极难实现的防水技术。

可以说，宝珀是世界上最早宣布永不生产石英表的瑞士表厂。其理由并非是对石英表持有偏见；相反，石英表在市场上的表现非常好，不但精确而且深受表迷喜欢。然而，宝珀认为，每只石英表都只是工业制程下的冰冷产物。只有机械表才能够真正代表制表工艺、传统和文化，对钟表传统起到传承的作用。

机械表的运作，并不单单仰赖科技，机械表可以修理使用。一直以来，宝珀不盲从石英表、电子表等尖端科技的潮流，始终坚持演绎机械表的完美。每一只宝珀腕表，都是缜密手工的经典杰作，都在以人文气息推动机械表的永续运转。

宝珀是世界上第一个腕表品牌，也是当时唯一拒绝制造石英表的品牌。从创建到今天，宝珀从来没有失去自我，始终坚持制造最好的机械表。相对于石英表来说，机械表背负着更多的使命，承担着传承制表工业的使命。

宝珀的目标，就是让制表成为一种艺术。这一目标，从成立至今，宝珀从未变过。相信在未来，宝珀还会继续为制表工艺书写辉煌!

宝铂在 Villeret 的作坊之一，摄于 1923 年

经典系列

运动五十英寻

宝珀飞返计时系列 5085F-1130-52 腕表

基本信息

编号：5085F-1130-52

系列：运动五十英寻

款式：自动机械，男士

材质：精钢

特殊功能 飞返／逆跳计时

外 观

表径：45mm

表壳厚度：15.5mm

表壳材质：精钢

表盘颜色：黑色

表盘形状：圆形

表镜材质：蓝宝石水晶玻璃

表冠材质：精钢

表带颜色：黑色

表扣类型：折叠扣

表扣材质：精钢

防水深度：300m

机芯

机芯型号：Cal.F185

机芯直径：26.2mm

机芯厚度：5.5mm

振频：21600/小时

宝石数：37个

零件数：308个

动力储备：40小时

女士腕表

宝珀月相系列 3663A–4654–55B 腕表

基本信息

编号：3663A–4654–55B

系列：女士腕表

款式：自动机械，女士

材质：精钢镶钻

外 观

表径：35mm

表壳厚度：10.5mm

表壳材质：精钢镶钻

表盘颜色：银白色

表盘形状：圆形

表盘材质：时标镶钻

表镜材质：蓝宝石水晶玻璃

表冠材质：精钢

表带颜色：白色

表带材质：鳄鱼皮

表扣类型：折叠扣

表扣材质：精钢

背透：背透

防水深度：30m

特殊功能

日期显示　星期显示

月份显示　月相

机芯

机芯型号：Cal.6763

机芯直径：27mm

机芯厚度：4.9mm

宝石数：30 个

零件数：262 个

动力储备：100 小时

Villeret

宝珀月相显示系列 6685-3642-55B 腕表

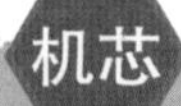

机芯

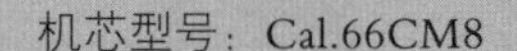

机芯型号：Cal.66CM8
机芯直径：32mm
机芯厚度：7.5mm
宝石数：35 个
零件数：450 个
动力储备：40 小时

基本信息

编号：6685-3642-55B
系列：Villeret
款式：自动机械，男士
材质：18K 玫瑰金

外 观

表径：40.3mm
表壳厚度：12.98mm
表壳材质：18K 玫瑰金
表盘颜色：银灰色
表盘形状：圆形
表镜材质：蓝宝石水晶玻璃
表冠材质：18K 玫瑰金
表带颜色：深棕色
表带材质：鳄鱼皮
表扣类型：针扣
表扣材质：18K 玫瑰金
背透：背透
防水深度：30m

特殊功能

日期显示 星期显示
月份显示 月相 计时

宝珀万年历系列 6670-1542-55B 腕表

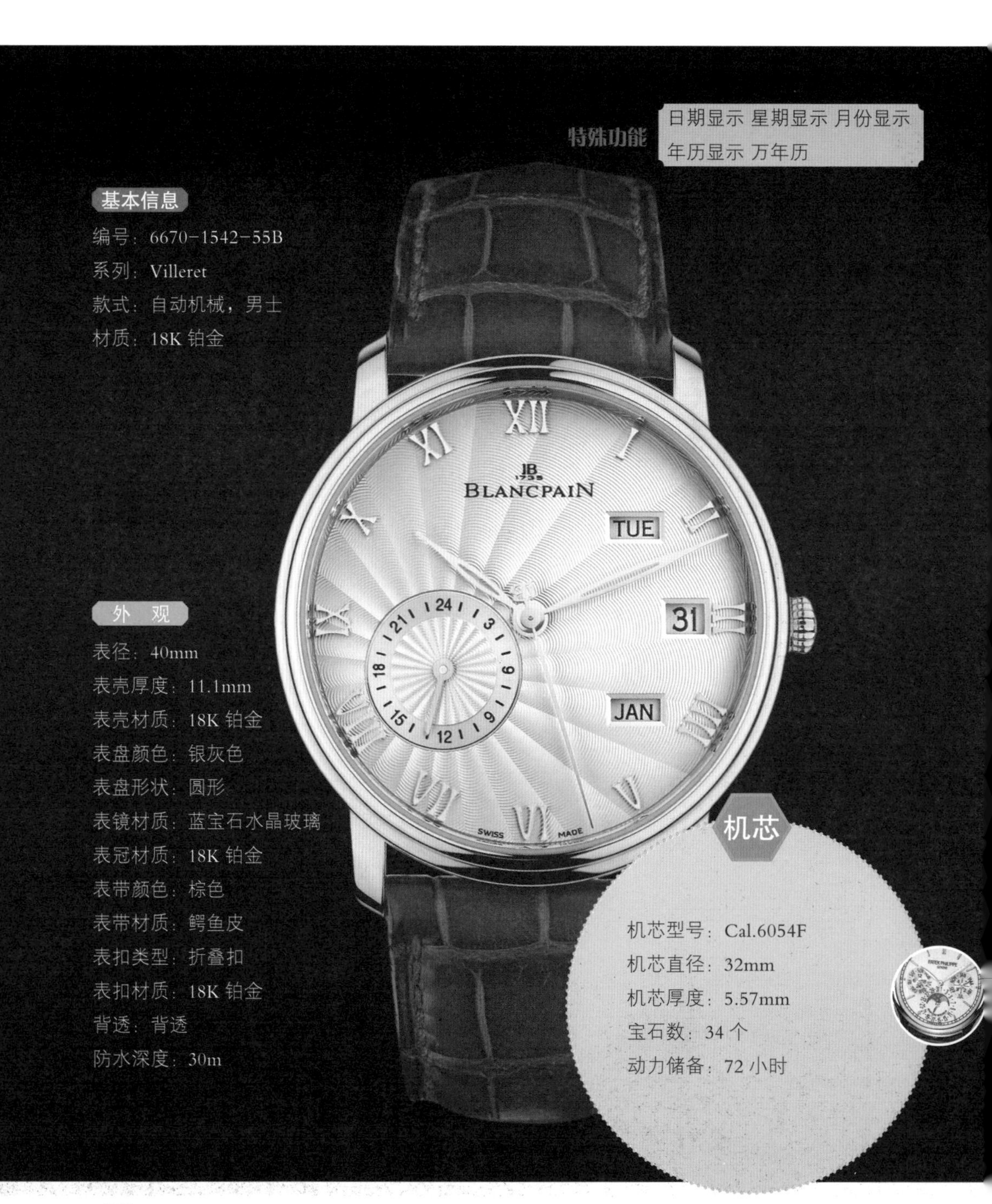

特殊功能

日期显示 星期显示 月份显示 年历显示 万年历

基本信息

编号：6670-1542-55B

系列：Villeret

款式：自动机械，男士

材质：18K 铂金

外　观

表径：40mm

表壳厚度：11.1mm

表壳材质：18K 铂金

表盘颜色：银灰色

表盘形状：圆形

表镜材质：蓝宝石水晶玻璃

表冠材质：18K 铂金

表带颜色：棕色

表带材质：鳄鱼皮

表扣类型：折叠扣

表扣材质：18K 铂金

背透：背透

防水深度：30m

机芯

机芯型号：Cal.6054F

机芯直径：32mm

机芯厚度：5.57mm

宝石数：34 个

动力储备：72 小时

进化系列

宝珀超薄机芯系列 8805–3630–53B 腕表

基本信息

编号：8805–3630–53B

系列：进化系列

款式：自动机械，男士

材质：18K 玫瑰金

外　观

表径：43.5mm

表壳厚度：13.4mm

表壳材质：18K 玫瑰金

表盘颜色：黑色

表盘形状：圆形

表镜材质：蓝宝石水晶玻璃

表冠材质：18K 玫瑰金

表带颜色：黑色

表带材质：鳄鱼皮

表扣类型：折叠扣

表扣材质：18K 玫瑰金

防水深度：100m

机芯

机芯型号：Cal.13R5

机芯直径：30.6mm

机芯厚度：5.65mm

摆轮：钛金，4 颗微调金螺钉

振频：28800 次 / 小时

游丝：平面游丝

宝石数：36 个

零件数：243 个

动力储备：192 小时

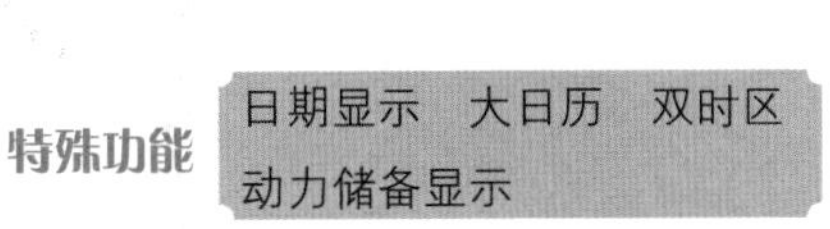

宝珀 Karrusel 腕表系列 0222-3600-53B 腕表

基本信息

编号：0222-3600-53B

系列：进化系列

款式：手动机械，男士

材质：18K 玫瑰金

外　观

表径：43.5mm

表壳厚度：13.5mm

表壳材质：18K 玫瑰金

表盘颜色：银白色

表盘形状：圆形

表镜材质：蓝宝石水晶玻璃

表冠材质：18K 玫瑰金

表带颜色：黑色

表带材质：鳄鱼皮

表扣类型：折叠扣

表扣材质：18K 玫瑰金

背透：背透，蓝宝石玻璃

防水深度：30m

机芯

机芯型号：Cal.22T

机芯直径：32mm

机芯厚度：6.16mm

摆轮：铜铍合金，微调螺钉

振频：21600 次 / 小时

游丝：平面游丝

宝石数：25 个

零件数：209 个

动力储备：120 小时

领袖系列

宝珀 GMT 两地时间腕表系列 2860–3642–53B 腕表

基本信息

编号：2860－3642－53B
系列：领袖系列
款式：自动机械，男士
材质：18K 玫瑰金

外 观

表径：40mm
表壳厚度：11.4mm
表壳材质：18K 玫瑰金
表盘颜色：银白
表盘形状：圆形
表镜材质：蓝宝石水晶玻璃
表冠材质：18K 玫瑰金
表带颜色：深棕色
表带材质：鳄鱼皮
表扣类型：折叠扣
表扣材质：18K 玫瑰金
背透：背透
防水深度：100m

机芯

机芯型号：Cal.5L60
机芯直径：26.2mm
机芯厚度：4.35mm
宝石数：30 个
零件数：253 个
动力储备：100 小时

特殊功能

日期显示　月相
双时区　长动力

布拉苏斯

宝珀 Karrusel 腕表系列 00225-3434-53B 腕表

特殊功能 日期显示 动力储备显示 陀飞轮

基本信息

编号：00225-3434-53B

系列：布拉苏斯

款式：自动机械，男士

材质：950 铂金

外 观

表径：43.5mm

表壳厚度：14mm

表壳材质：950 铂金

表盘颜色：镂空

表盘形状：圆形

表镜材质：蓝宝石水晶玻璃

表冠材质：950 铂金

表带颜色：黑色

表带材质：鳄鱼皮

表扣类型：折叠扣

表扣材质：950 铂金

背透：背透

防水深度：100m

机芯

机芯型号：Cal.225

机芯直径：26.2mm

机芯厚度：5.89mm

振频：21600 次 / 小时

宝石数：36 个

零件数：263 个

动力储备：120 小时

FRANCK MULLER
GENEVE

法兰克穆勒 Franck Muller

——卓越性能配合非凡技艺

中文名	法兰克穆勒
英文名	Franck Muller
创始人	法兰克·穆勒
创建时间	1991 年
发源地	瑞士·日内瓦
品牌系列	The CONQUISTADOR LINE、DUBAIL、INFINITY、GALET、HEART、GRACE、CURVEX、DOUBLE MYSTERY、COLOR DREAMS、SECRET HOURS、MASTER SQUARE、MARINER、LONG ISLAND
品牌标识	法兰克穆勒的标识十分简单、单一，但从中又透露出某种不凡
设计风格	创新、时尚、奢华

品牌故事

法兰克·穆勒（Franck Muller）生于1958年，自小他就陶醉在各种机械玩具当中。10岁那年，他便经常穿梭于二手市场及古物店，以其对艺术品的敏锐触觉，寻找那些让他感兴趣的东西。

在好奇心的驱使下，法兰克·穆勒收集了很多瓷制广告图片，以及多幅照片和无数古典宣传品。

15岁那年，法兰克·穆勒偶然遇上多彩多姿的钟表技术，从此便下定决心将毕生精力奉献给精密的时计工艺。

为了学到更多的技术，法兰克·穆勒进入了誉满全球的日内瓦 Ecolcd'Horlogie de Geneve钟表设计学院读书。在这里，他的天赋得到了进一步启发，经常脱颖而出夺取各项大奖。

法兰克穆勒腕表

法兰克穆勒高级腕表系列

在学院修读三年后，法兰克・穆勒转而钻研古代腕表，并开始尝试更复杂精密的技术。凭着卓越的才华，他再次享誉古典表坛，获得各方面的信赖。

渐渐地，法兰克・穆勒燃起创作意念，他决定自己设计钟表，然后开创自己的事业，生产以自己名字命名的手表。

法兰克・穆勒发现，自19世纪以来，珍贵腕表在设计方面进步得十分缓慢，这更加坚定了他要创一番事业的决心——立志将精密机械腕表再次发扬光大。

面对挑战，他继承前人的成就，并不断追寻机灵敏锐的杰作，力求精益求精、力臻完美。

1991年，他以自己的名字创立了“Franck Muller”（法兰克穆勒）腕表品牌。到今天为止，该品牌虽然只有30年的历史，但已经成为世界名牌。

在过去的30年里，法兰克穆勒以多项世界第一的名衔和专利发明让人们目不暇接。而最叫人赞美的是其复杂的制表技术及审美艺术。

2001年，法兰克穆勒推出了LONG ISLAND900、1000及1100系列；2004年，

法兰克穆勒再度推出LONG ISLAND的旗舰表款1200系列。LONG ISLAND系列以19世纪20—30年代在建筑美学上流行的装饰艺术风格为基础，在几何图形表壳和表面装饰线条数字，在方寸之间一窥全貌。这让法兰克穆勒在近一两年大放异彩，再加上专业的制表工艺，使得法兰克穆勒迅速得到众多腕表收藏家的青睐。

每一位成功人士的背后都蕴藏着巨大的能量，助他缔造显赫的事业，驱动他不断努力登上高峰。法兰克穆勒深受时尚经理人及明星追捧，可谓全世界最复杂的腕表之一。

法兰克穆勒女性腕表

经典系列

THE CONQUISTADOR LINE

法兰克穆勒 THE CONQUISTADOR LINE 系列 9900 CC GP G（红黑色表带）腕表

基本信息

编号：9900 CC GP G（红黑色表带）

系列：THE CONQUISTADOR LINE

款式：自动机械，男士

材质：钛金属

机芯

机芯型号：FM7000

机芯直径：30.4mm

机芯厚度：7.9mm

振频：28800 次 / 小时

宝石数：28 个

零件数：125 个

动力储备：48 小时

外 观

表径：48mm × 62.7mm

表壳厚度：14.6mm

表壳材质：钛金属

表盘颜色：黑色，红色

表盘形状：酒桶形

表带颜色：红色，黑色

表带材质：鳄鱼皮

表扣类型：针扣

特殊功能 计时

GALET

法兰克穆勒 GALET 系列 3000 K SC DT R 黑盘白金表壳腕表

编号：3000 K SC DT R 黑盘白金表壳
系列：GALET
款式：自动机械，女士
材质：18K 铂金

特殊功能 日期显示

机芯

机芯型号：FM800
机芯直径：25.6mm
机芯厚度：3.6mm
振频：28800 次 / 小时
宝石数：21 个
零件数：158 个
动力储备：42 小时

外 观

表径：37.7mm×47.15mm
表壳厚度：9.8mm
表壳材质：18K 铂金
表盘颜色：黑色
表盘形状：酒桶形
表带颜色：黑色
表带材质：鳄鱼皮
防水深度：30m

COLOR DREAMS

法兰克穆勒 COLOR DREAMS 系列 6000 K SC DT COL DRM V D 腕表

基本信息

编号：6000 K SC DT COL DRM V D

系列：COLOR DREAMS

款式：自动机械，女士

材质：18K 铂金镶钻

机芯

机芯型号：FM800

机芯直径：25.6mm

机芯厚度：3.6mm

振频：28800 次 / 小时

宝石数：21 个

零件数：158 个

动力储备：42 小时

外 观

表径：36.5mm×36.5mm

表壳厚度：10.2mm

表壳材质：18K 铂金镶钻

表盘颜色：银白色

表盘形状：方形

表带颜色：黑色

表带材质：鳄鱼皮

防水深度：30m

法兰克穆勒 COLOR DREAMS 系列 7851 CH COL DRM D CD 腕表

机芯

机芯型号：FM2800HF

机芯直径：26.6mm

机芯厚度：5.2mm

振频：28800/ 小时

宝石数：23 个

零件数：186 个

动力储备：42 小时

基本信息

编号：7851 CH COL DRM D CD

系列：COLOR DREAMS

款式：自动机械，女士

材质：18K 铂金镶钻

外 观

表径：35.3mm×48.7mm

表壳厚度：11.6mm

表壳材质：18K 铂金镶钻

表盘颜色：镶钻

表盘形状：酒桶形

表带颜色：白色

表带材质：鳄鱼皮

防水深度：30m

MASTER SQUARE

法兰克穆勒 MASTER SQUARE 系列 6000 K SC DT R D CD 腕表

基本信息

编号：6000 K SC DT R D CD

系列：MASTER SQUARE

款式：自动机械，女士

材质：18K 铂金钻石，160 颗，4.56 克拉

外　观

表径：42.4mm×42.4mm

表壳厚度：10.3mm

表壳材质：18K 铂金钻石，160 颗，4.56 克拉

表盘颜色：白色镶钻

表盘形状：方形

表带颜色：黑色

表带材质：鳄鱼皮

防水深度：30m

机芯

机芯型号：FM800

机芯直径：25.6mm

机芯厚度：3.6mm

振频：28800 次 / 小时

宝石数：21 个

零件数：158 个

动力储备：42 小时

SECRET HOURS

法兰克穆勒 SECRET HOURS 男表系列 1300 SE H1 腕表

基本信息

编号：1300 SE H1

系列：SECRET HOURS

款式：自动机械，男士

材质：18K 铂金

外 观

表径：35.2mm×59.2mm

表壳厚度：13.3mm

表壳材质：18K 铂金

表盘颜色：褐色

表盘形状：方形

表带颜色：棕色

表带材质：鳄鱼皮

防水深度：30m

机芯

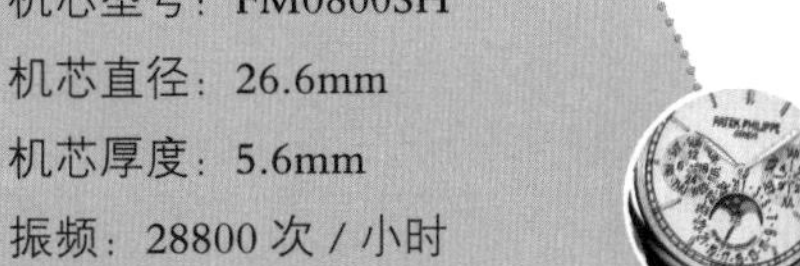

机芯型号：FM0800SH

机芯直径：26.6mm

机芯厚度：5.6mm

振频：28800 次 / 小时

宝石数：34 个

零件数：264 个

动力储备：42 小时

MARINER

法兰克穆勒 MARINER 系列 9080 CC AT NR MAR 腕表

基本信息

编号：9080 CC AT NR MAR

系列：MARINER

款式：自动机械，男士

材质：精钢

外　观

表径：43.3mm×60.4mm

表壳厚度：12.9mm

表壳材质：精钢

表盘颜色：白色

表盘形状：酒桶形

表带颜色：黑色

表带材质：鳄鱼皮

防水深度：30m

机芯

机芯型号：FM7000

机芯直径：30.4mm

机芯厚度：7.9mm

振频：28800 次 / 小时

宝石数：28 个

零件数：125 个

动力储备：48 小时

LONG ISLAND

法兰克穆勒 LONG ISLAND 系列 950 S6 CHR MET D 橙色表盘腕表

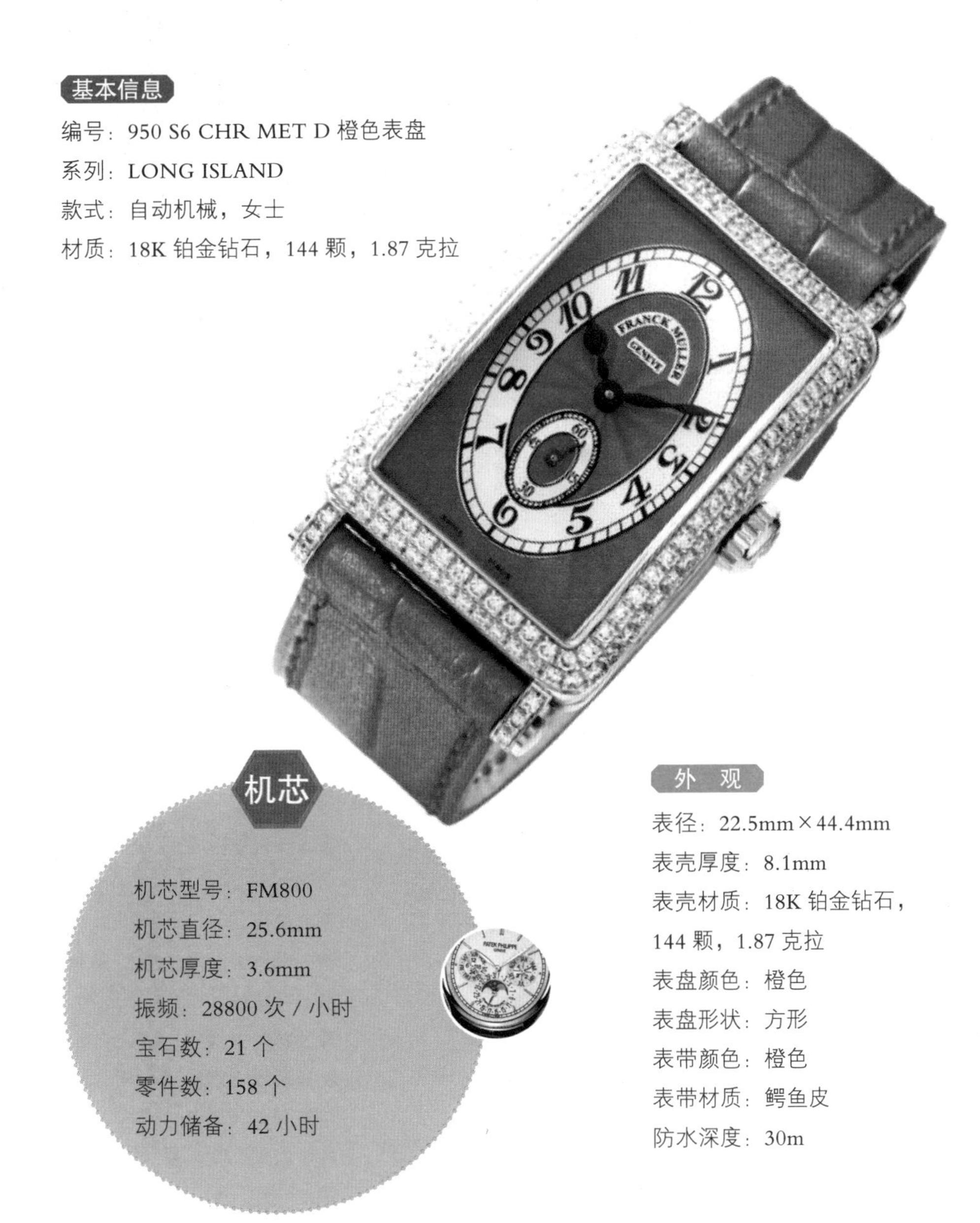

基本信息

编号：950 S6 CHR MET D 橙色表盘

系列：LONG ISLAND

款式：自动机械，女士

材质：18K 铂金钻石，144 颗，1.87 克拉

机芯

机芯型号：FM800

机芯直径：25.6mm

机芯厚度：3.6mm

振频：28800 次 / 小时

宝石数：21 个

零件数：158 个

动力储备：42 小时

外 观

表径：22.5mm×44.4mm

表壳厚度：8.1mm

表壳材质：18K 铂金钻石，144 颗，1.87 克拉

表盘颜色：橙色

表盘形状：方形

表带颜色：橙色

表带材质：鳄鱼皮

防水深度：30m

EVOLUTION/REVOLUTION

法兰克穆勒 EVOLUTION/REVOLUTION 系列 9850 EVO 3-1 NR 腕表

基本信息

编号：9850 EVO 3-1 NR
系列：EVOLUTION/REVOLUTION
款式：手动机械，男士
材质：950 铂金，黑色 PVD 镀层

机芯

机芯型号：FM2040QP
机芯直径：32.2mm×39.5mm
机芯厚度：10.35mm
振频：18000 次 / 小时
宝石数：40 个
零件数：468 个
动力储备：240 小时

外 观

表径：41.1mm×55.4mm
表壳厚度：16.5mm
表壳材质：950 铂金，黑色 PVD 镀层
表盘颜色：黑色
表盘形状：酒桶形
表带颜色：黑色
表带材质：鳄鱼皮
防水深度：30m

特殊功能

日期显示 星期显示 月份显示 年历显示 万年历 月相 动力储备显示 陀飞轮

CRAZY HOURS

法兰克穆勒 CRAZY HOURS 系列 8880 CH NR COL DRM 腕表

基本信息

编号：8880 CH NR COL DRM

系列：CRAZY HOURS

款式：自动机械，男士

材质：18K 铂金

外 观

表径：39.5mm×55.3mm

表壳厚度：11.9mm

表壳材质：18K 铂金

表盘颜色：黑色

表盘形状：酒桶形

表带颜色：黑色

表带材质：鳄鱼皮

防水深度：30m

机芯

机芯型号：FM2800HF

机芯直径：26.6mm

机芯厚度：5.2mm

振频：28800 次 / 小时

宝石数：23 个

零件数：186 个

动力储备：42 小时

CONQUISTADOR CORTEZ

法兰克穆勒 CONQUISTADOR CORTEZ 系列 10000 M CC D 腕表

基本信息

编号：10000 M CC D

系列：CONQUISTADOR CORTEZ

款式：自动机械，男士

材质：18K 铂金，钻石 252 颗，5.43 克拉

机芯

机芯型号：FM7000

机芯直径：30.4mm

机芯厚度：7.9mm

振频：28800 次 / 小时

宝石数：28 个

零件数：125 个

动力储备：48 小时

外 观

表径：36mm×36mm

表壳厚度：10.9mm

表壳材质：18K 铂金，钻石 252 颗，5.43 克拉

表盘颜色：白色

表盘形状：方形

表带颜色：黑色

表带材质：鳄鱼皮

防水深度：30m

CONQUISTADOR GPG

法兰克穆勒 CONQUISTADOR GPG 系列 9900 SC GPG ERGAL 腕表

基本信息

编号：9900 SC GPG ERGAL

系列：CONQUISTADOR GPG

款式：自动机械，男士

材质：红色铝合金与黑钛

外 观

表径：48mm×62.7mm

表壳厚度：14.6mm

表壳材质：红色铝合金与黑钛

表盘颜色：黑色

表盘形状：酒桶形

表带颜色：黑色

表带材质：鳄鱼皮

防水深度：100m

机芯

机芯型号：FM800

机芯直径：25.6mm

机芯厚度：3.6mm

振频：28800 次 / 小时

宝石数：21 个

零件数：158 个

动力储备：42 小时

法兰克穆勒CONQUISTADOR GPG系列9900 CC DT GPG（灰钛与黑钛）腕表

基本信息

编号：9900 CC DT GPG（灰钛与黑钛）

系列：CONQUISTADOR GPG

款式：自动机械，男士

材质：钛金属

外观

表径：48mm×62.7mm

表壳厚度：14.6mm

表壳材质：钛金属

表盘颜色：银白色

表盘形状：酒桶形

表带颜色：黑色

表带材质：鳄鱼皮

表扣类型：针扣

机芯

机芯型号：FM7000

机芯直径：30.4mm

机芯厚度：7.9mm

振频：28800次/小时

宝石数：28个

零件数：125个

动力储备：48小时

CONQUISTADOR

法兰克穆勒 CONQUISTADOR 系列 8005 K CC NR 腕表

基本信息

编号：8005 K CC NR

系列：CONQUISTADOR

款式：自动机械，男士

材质：18K 铂金

外　观

表径：40.35mm×56.45mm

表壳厚度：13.9mm

表壳材质：18K 铂金

表盘颜色：黑色

表盘形状：酒桶形

表带颜色：黑色

表带材质：橡胶

防水深度：30m

机芯

机芯型号：FM7000

机芯直径：30.4mm

机芯厚度：7.9mm

振频：28800 次 / 小时

宝石数：28 个

零件数：125 个

动力储备：48 小时

Cintrée Curvex 男表

法兰克穆勒 Cintrée Curvex 男表系列 7880 MB SC DT D 腕表

基本信息

编号：7880 MB SC DT D

系列：Cintrée Curvex 男表

款式：自动机械，男士

材质：18K 玫瑰金，18K 铂金

外　观

表径：35.9mm×50.3mm

表壳厚度：11.5mm

表壳材质：18K 玫瑰金，18K 铂金

表盘颜色：黑色

表盘形状：酒桶形

表带颜色：白色

表带材质：鳄鱼皮

防水深度：30m

机芯

机芯型号：FM2800MBSCDT

机芯直径：25.6mm

机芯厚度：5.6mm

振频：28800 次 / 小时

宝石数：24 个

零件数：219 个

动力储备：42 小时

CASABLANCA

法兰克穆勒 CASABLANCA 系列 8880 C DT NR 腕表

基本信息

编号：8880 C DT NR

系列：CASABLANCA

款式：自动机械，男士

材质：18K 铂金

特殊功能 日期显示

外 观

表壳厚度：11.9mm

表壳材质：18K 铂金

表盘颜色：黑色

表盘形状：酒桶形

表带颜色：黑色

表带材质：橡胶

防水深度：30m

机芯

机芯型号：FM280

机芯直径：25.6mm

机芯厚度：3.6mm

振频：28800 次 / 小时

宝石数：21 个

零件数：158 个

动力储备：42 小时

ART DECO

法兰克穆勒 ART DECO 系列 11000 H SC 腕表

基本信息

编号：11000 H SC

系列：ART DECO

款式：自动机械，中性

材质：18K 铂金

外 观

表壳厚度：12.95mm

表壳材质：18K 铂金

表盘颜色：黑色

表盘形状：酒桶形

表带颜色：黑色

表带材质：鳄鱼皮

防水深度：30m

机芯

机芯型号：FM11000HS

机芯直径：26mm

机芯厚度：4.4mm

振频：28800 次 / 小时

宝石数：26 个

动力储备：38 小时

AETERNITAS/MEGA

法兰克穆勒 AETERNITAS / MEGA 系列 8888 GSW T CC R QPS 白色表壳腕表

基本信息

编号：8888 GSW T CC R QPS 白色表壳

系列：AETERNITAS/MEGA

款式：自动机械，男士

材质：18K 铂金

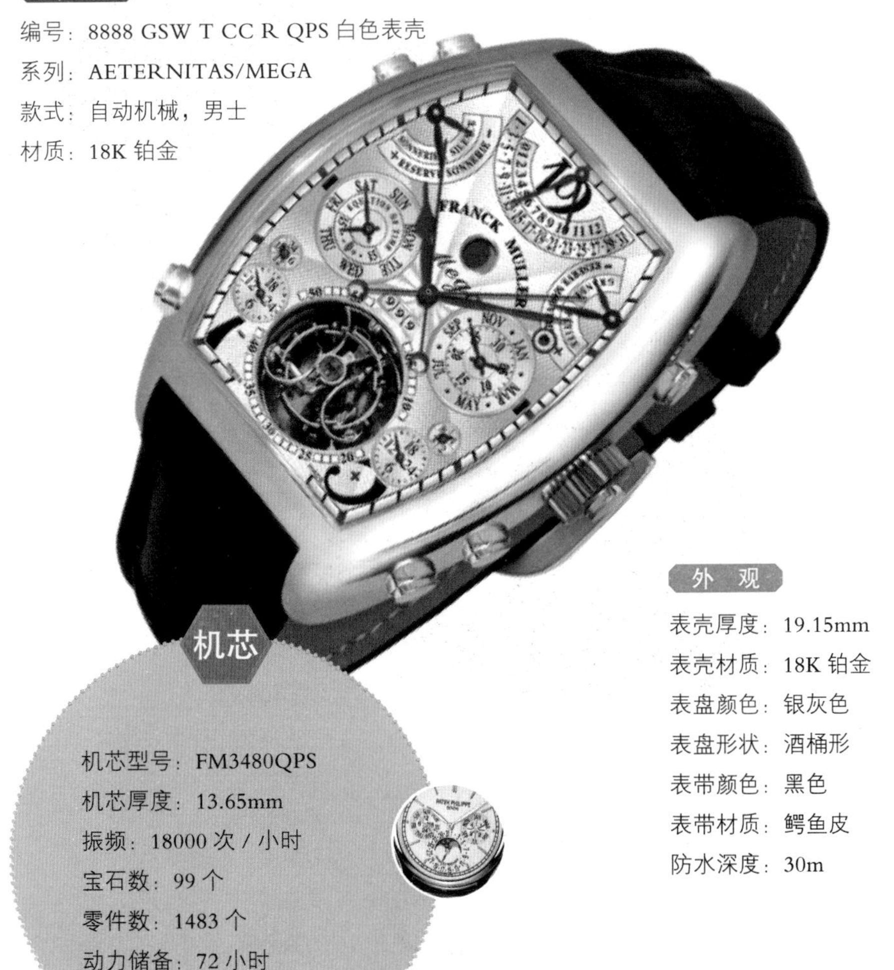

外观

表壳厚度：19.15mm

表壳材质：18K 铂金

表盘颜色：银灰色

表盘形状：酒桶形

表带颜色：黑色

表带材质：鳄鱼皮

防水深度：30m

机芯

机芯型号：FM3480QPS

机芯厚度：13.65mm

振频：18000 次 / 小时

宝石数：99 个

零件数：1483 个

动力储备：72 小时

特殊功能

日期显示　星期显示　月份显示　万年历

月相　双时区　计时　飞返 / 逆跳　陀飞轮

BLACK CROCO

法兰克穆勒 BLACK CROCO 系列 8880 SC BLACK CROCO 腕表

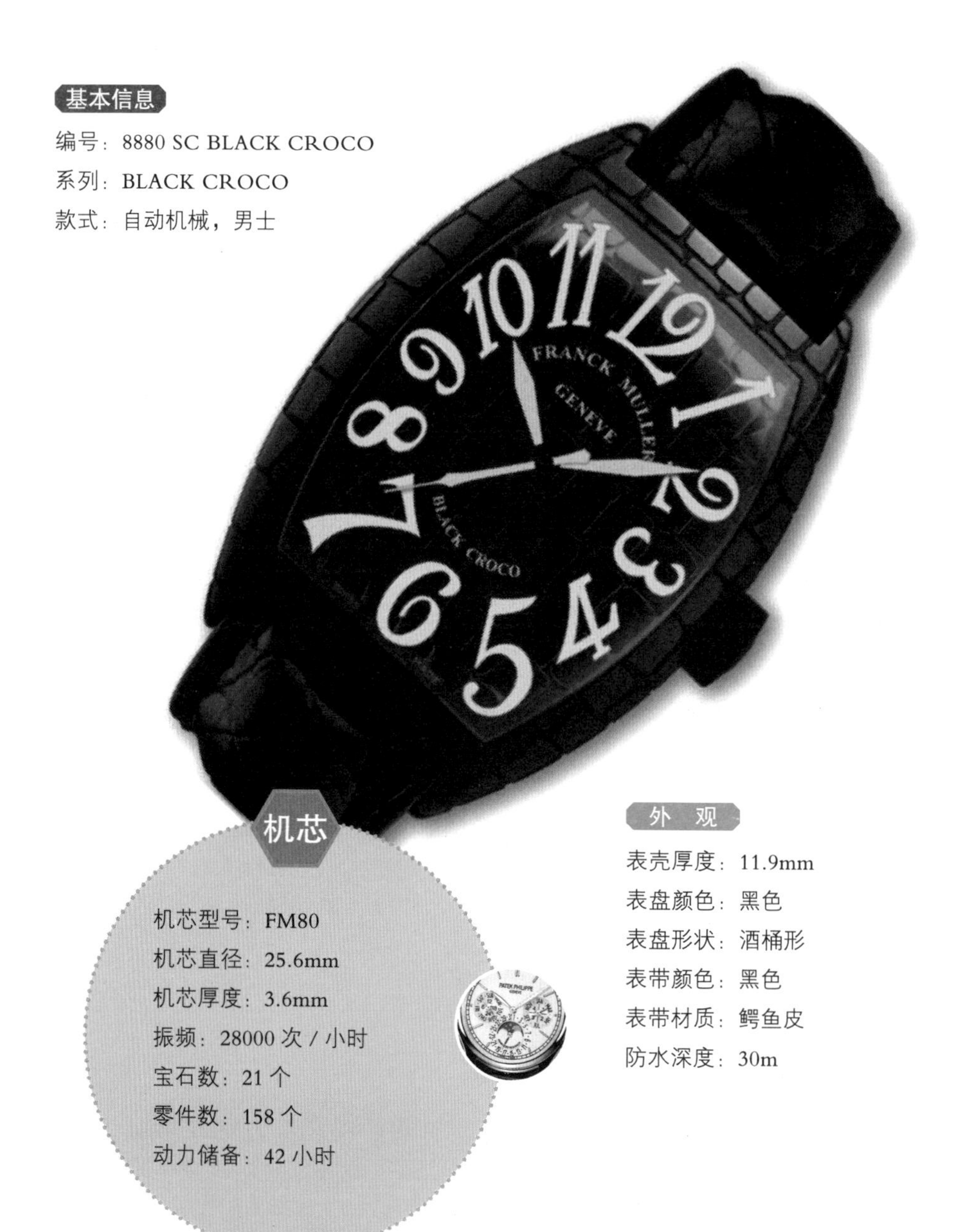

基本信息

编号：8880 SC BLACK CROCO

系列：BLACK CROCO

款式：自动机械，男士

机芯

机芯型号：FM80

机芯直径：25.6mm

机芯厚度：3.6mm

振频：28000 次 / 小时

宝石数：21 个

零件数：158 个

动力储备：42 小时

外 观

表壳厚度：11.9mm

表盘颜色：黑色

表盘形状：酒桶形

表带颜色：黑色

表带材质：鳄鱼皮

防水深度：30m

中文名	雅典
英文名	Ulysse Nardin
创始人	雅典
创建时间	1846 年
发源地	瑞士・日内瓦
品牌系列	MARINE COLLECTION、CLASSICO 鎏金腕表、女装腕表、克里姆林宫限量纪念套表、圣马可、米开朗基罗、双时区、Macho 钯金 950 腕表、160 周年纪念、航海腕表、复杂、限量版腕表、万年历
品牌标识	标识中间的英文为雅典创始人雅典的英文名字。雅典表是从做船上的天文台钟起家的。那时候在海上航行的船只需要两种东西：一个是六分仪，另外一个就是航海天文台钟。所以雅典表在那时候做出了全世界最经典的航海天文台钟
设计风格	精细、完美、新颖

雅典铂金手表

雅典

品牌故事

自 1846 年创立至今，雅典表已走过一个半世纪。身为瑞士十大名表之一的雅典表，在其恒久长远的背景和精湛的制表工艺下，构建了自己别具一格的品牌价值。

1823 年 1 月 22 日，雅典(Ulysse Nardin)在瑞士的 LeLocle 出生。自幼年时起，雅典就跟着自己的父亲 Leonard Frederic 学习制表技术，后来，雅典又跟着当时的钟表大师威廉・杜布斯继续深造。

1846 年，雅典开始为当时的一些轮船公司制造航海计时器和闹钟。后来，由于一系列原因，雅典的钟表事业一路受阻。1983 年，雅典的事业终于有了转机，以 Rolf Schnyder 为首的一批投资者接收了雅典。

Schnyder 接收雅典后，决定尽最大努力恢复公司的业绩。随后，Schnyder 开始接触一些酷爱制表工艺的天文学家和数学家。在大家的齐心协力下，雅典公司创造出一件惊世的杰作。“星象仪伽利略型”一推出，便立即在世界上刮起一阵旋风。

1862 年，雅典生产的表在伦敦国际博览会上夺得了最受尊崇的荣誉大奖。这一大奖，使雅典表在国际袋装天文台时计领域稳居领导地位。

1878 年，雅典旗下的袋装天文台表及航海天文钟在巴黎环球博览会上获得金奖。1893 年，雅典在芝加哥环球博览会中展出了一只黄金和银混合的精致浮雕设计天文台表，成为当时艺术和科学的绝世结晶。1915 年，在参加华盛顿首府

雅典生产的机芯

经典雅典腕表

海军天文台测试的 60 只天文台腕表之中，雅典以骄人的成绩夺取了冠军。

1923 年，为纪念宝玑大师诞生百年，纳沙泰尔天文台举办了国际天文台时计比赛。在比赛中，雅典夺得冠军大奖。

1935 年，雅典推出了 24 小时双秒针高度精密袋装计时秒表，其精密计算程度能够达到十分之一秒，非常适合运动计时。1975 年，纳沙泰尔天文台发表最后一份有关天文台时计品质表现的报告。从这份报告当中，人们再次看到了雅典骄人的成绩。雅典的计时证书，在已颁发的 4504 张机械航海时计证

哥白尼运行仪腕表

书中占了4324张，占了总数的95%；共获得2411个奖项，其中有1069个为冠军大奖。

1985年，雅典推出了以伟大物理学家及人类学家伽利略命名的伽利略星盘腕表；1988年2月，该表被列入金氏世界纪录。1988年，雅典为纪念波兰天文学家哥白尼，推出了哥白尼运行仪腕表。1989年，雅典推出了首枚具有活动人偶的三问报时表“San Marco”。该表限量制造，具有黄金、铂金两种表款。1992年，雅典推出克卜勒天文腕表，以歌颂这位德国天文学家。

1994年，雅典在巴塞尔钟表展上首次推出了为旅游人士设计的GMT± 腕表；1996年，雅典为纪念成立150周年，推出了1846航海天文台腕表；1998年，雅典为纪念雅典创始人“Ulysse Nardin”诞辰175周年，推出了单按钮计时秒表“Pulsometer”；1999年，随着千禧年新纪元的到来，雅典推出了GMT± 万年历腕表，这一款腕表，将雅典两大独特而专有的功能集于一身。

航海天文台腕表

到今天，雅典已有170多年的历史。在这一过程当中，雅典生产的每一款手表，都秉承品质和机械创新的雅典传统。今天的雅典，已被认定为制造航海天文台表的专家。相信过去的雅典给我们带来惊喜，未来的雅典同样会为我们创造奇迹！

经典系列

MARINE COLLECTION

雅典 BLACK SEA 系列 263-92-3C 腕表

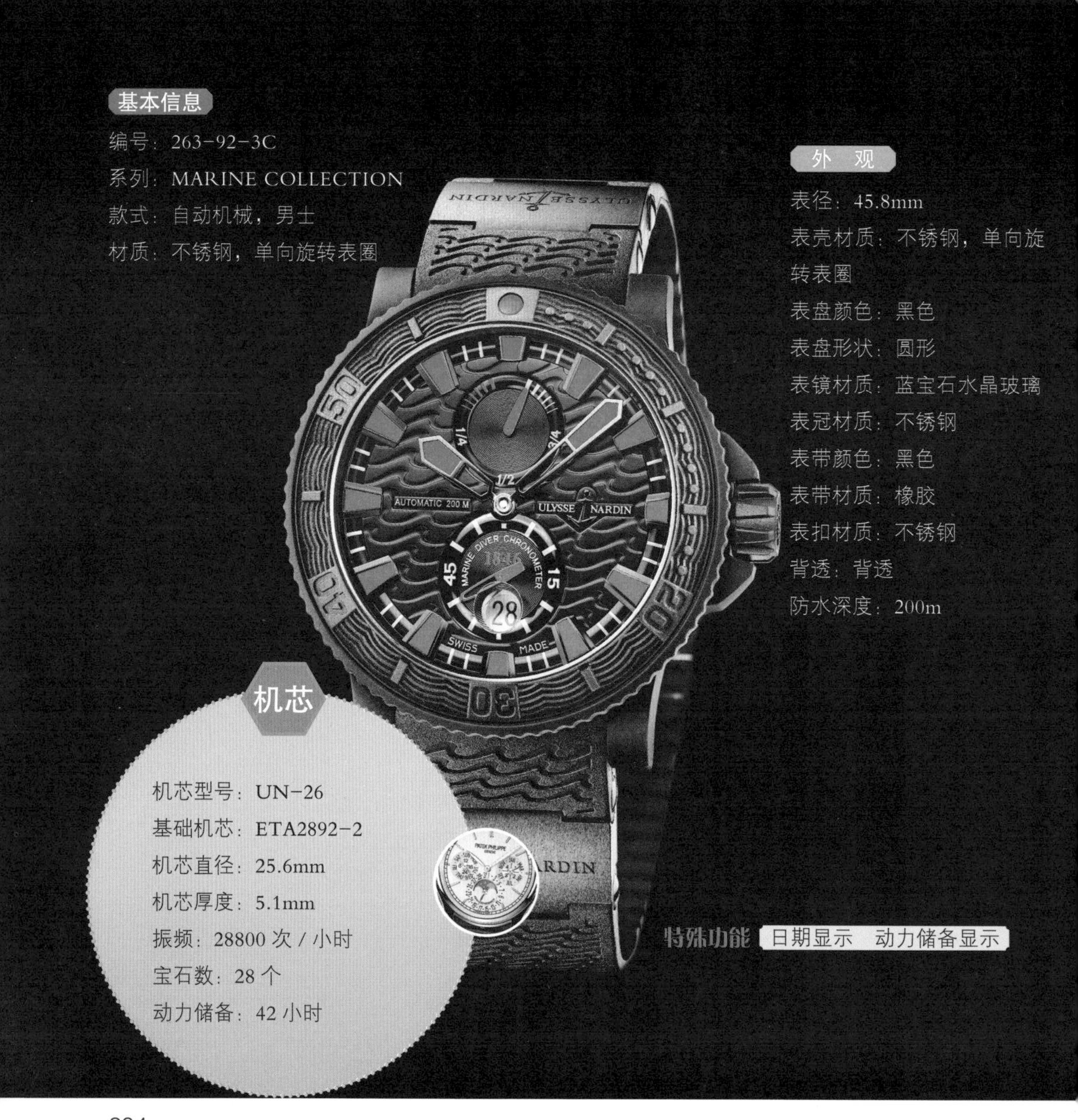

基本信息

编号：263-92-3C

系列：MARINE COLLECTION

款式：自动机械，男士

材质：不锈钢，单向旋转表圈

外　观

表径：45.8mm

表壳材质：不锈钢，单向旋转表圈

表盘颜色：黑色

表盘形状：圆形

表镜材质：蓝宝石水晶玻璃

表冠材质：不锈钢

表带颜色：黑色

表带材质：橡胶

表扣材质：不锈钢

背透：背透

防水深度：200m

机芯

机芯型号：UN-26

基础机芯：ETA2892-2

机芯直径：25.6mm

机芯厚度：5.1mm

振频：28800 次 / 小时

宝石数：28 个

动力储备：42 小时

特殊功能 日期显示　动力储备显示

雅典 BLACK SEA 系列 263–92–3C/924 腕表

机芯

机芯型号：UN–26

基础机芯：ETA2892–2

机芯直径：25.6mm

机芯厚度：5.1mm

振频：28800/ 小时

宝石数：28 个

动力储备：42 小时

基本信息

编号：263–92–3C/924

系列：MARINE COLLECTION

款式：自动机械，男士

材质：不锈钢

外　观

表径：45.8mm

表壳材质：不锈钢

表盘颜色：黑色，黄色

表盘形状：圆形

表镜材质：蓝宝石水晶玻璃

表冠材质：不锈钢

表带颜色：黑色

表带材质：橡胶 / 陶瓷

表扣类型：折叠扣

防水深度：200m

日期显示 动力储备显示

CLASSICO 鎏金腕表

雅典 CLASSICO 鎏金腕表系列 8156–111–2/92 黑色腕表

基本信息

编号：8156–111–2/92 黑色

系列：CLASSICO 鎏金腕表

款式：自动机械，男士

材质：18K 玫瑰金

外 观

表径：40mm

表壳材质：18K 玫瑰金

表盘颜色：黑色

表镜材质：蓝宝石水晶玻璃

表带颜色：黑色

表带材质：鳄鱼皮

表扣类型：针扣

表扣材质：18K 玫瑰金

防水深度：50m

特殊功能 日期显示

机芯

机芯型号：Cal.E23–250SC

机芯直径：23.9mm

机芯厚度：2.5mm

宝石数：7 个

零件数：100 个

电池寿命：3 年

雅典 CLASSICO 鎏金腕表系列 8156-111-291 小秒盘腕表

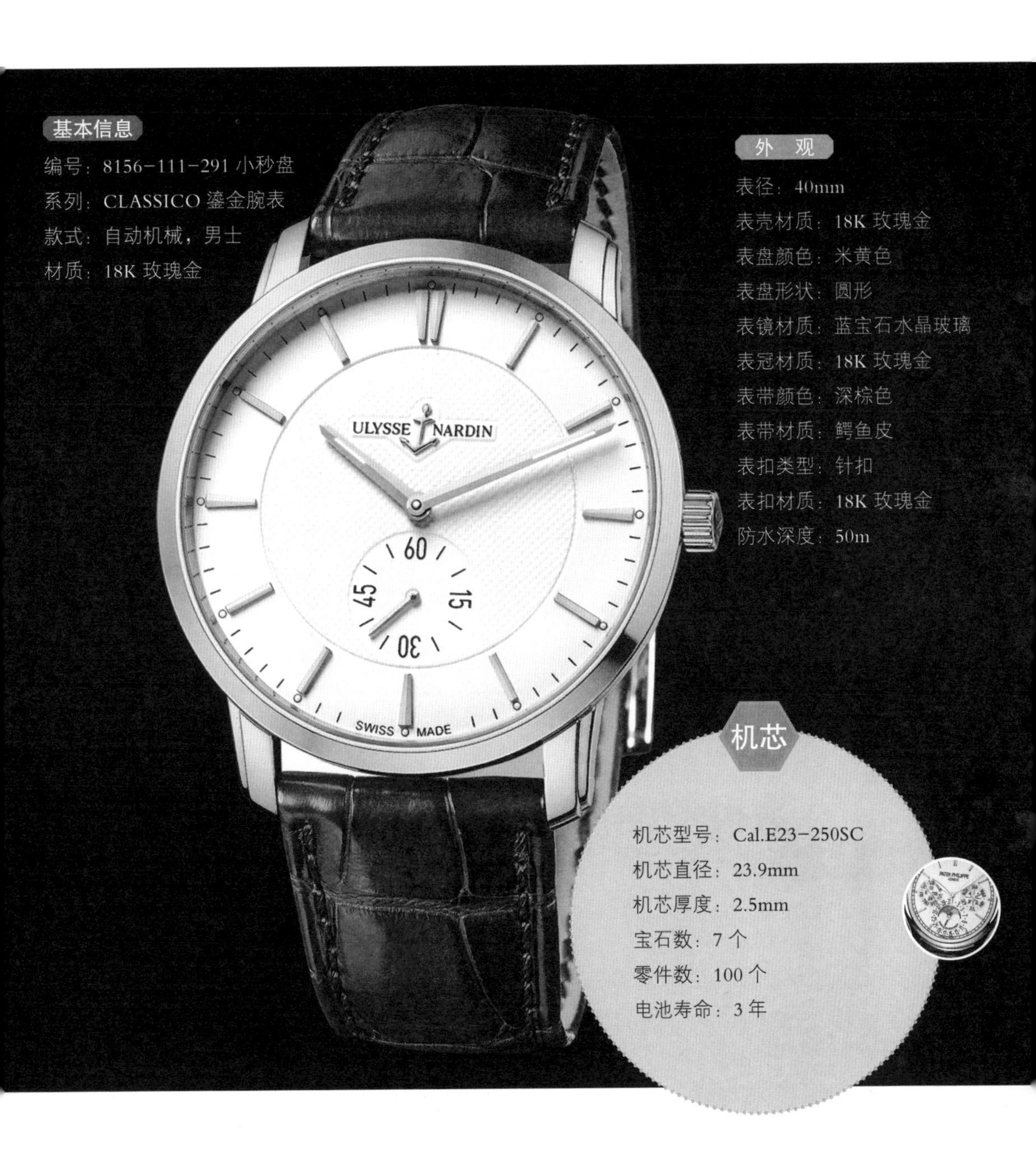

基本信息

编号：8156-111-291 小秒盘
系列：CLASSICO 鎏金腕表
款式：自动机械，男士
材质：18K 玫瑰金

外 观

表径：40mm
表壳材质：18K 玫瑰金
表盘颜色：米黄色
表盘形状：圆形
表镜材质：蓝宝石水晶玻璃
表冠材质：18K 玫瑰金
表带颜色：深棕色
表带材质：鳄鱼皮
表扣类型：针扣
表扣材质：18K 玫瑰金
防水深度：50m

机芯

机芯型号：Cal.E23-250SC
机芯直径：23.9mm
机芯厚度：2.5mm
宝石数：7 个
零件数：100 个
电池寿命：3 年

奇想

雅典奇想腕表系列 133-91AC/06-02 腕表

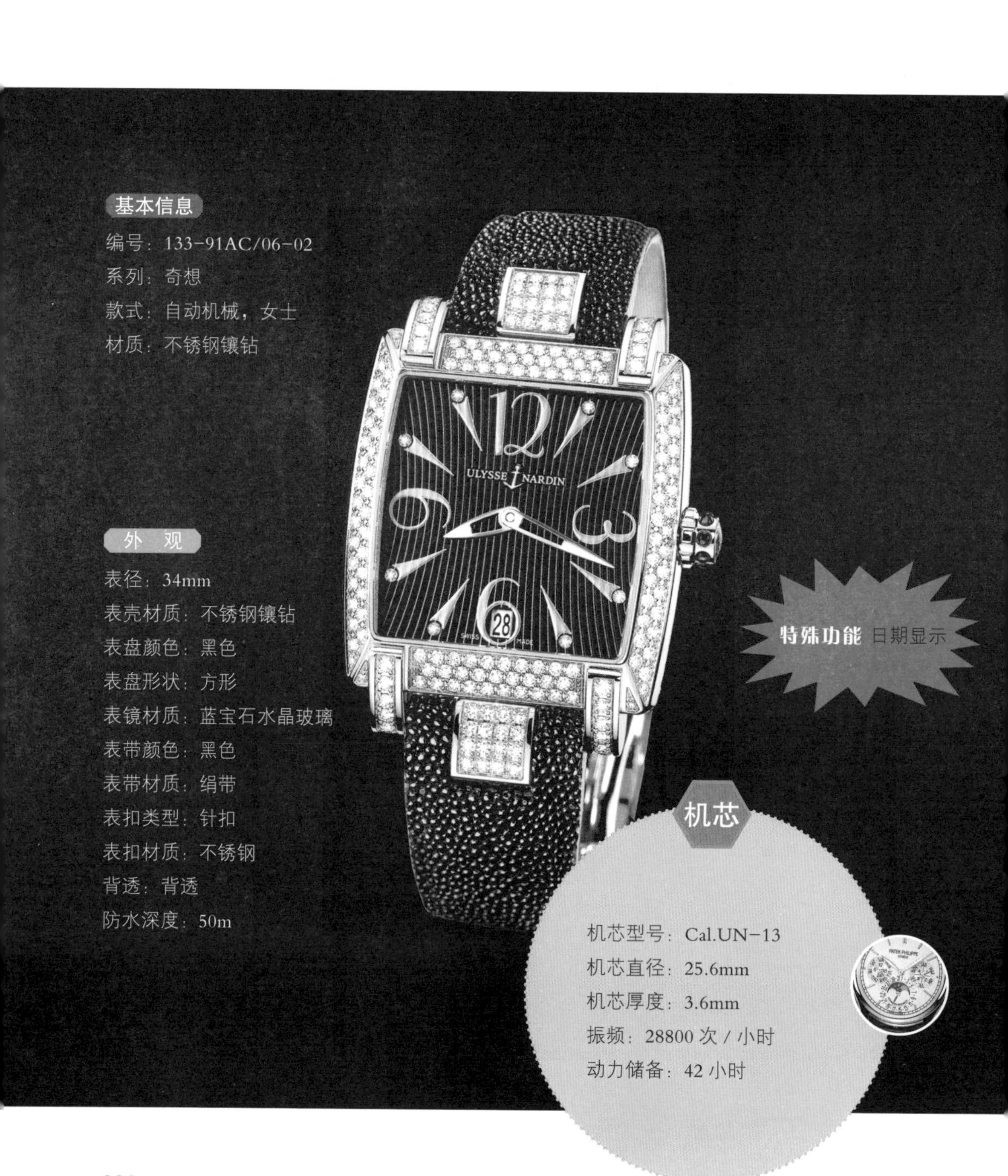

基本信息

编号：133-91AC/06-02

系列：奇想

款式：自动机械，女士

材质：不锈钢镶钻

外　观

表径：34mm

表壳材质：不锈钢镶钻

表盘颜色：黑色

表盘形状：方形

表镜材质：蓝宝石水晶玻璃

表带颜色：黑色

表带材质：绢带

表扣类型：针扣

表扣材质：不锈钢

背透：背透

防水深度：50m

特殊功能 日期显示

机芯

机芯型号：Cal.UN-13

机芯直径：25.6mm

机芯厚度：3.6mm

振频：28800 次 / 小时

动力储备：42 小时

克里姆林宫限量纪念套表

雅典克里姆林宫限量纪念套表系列 139–10/KREM 腕表

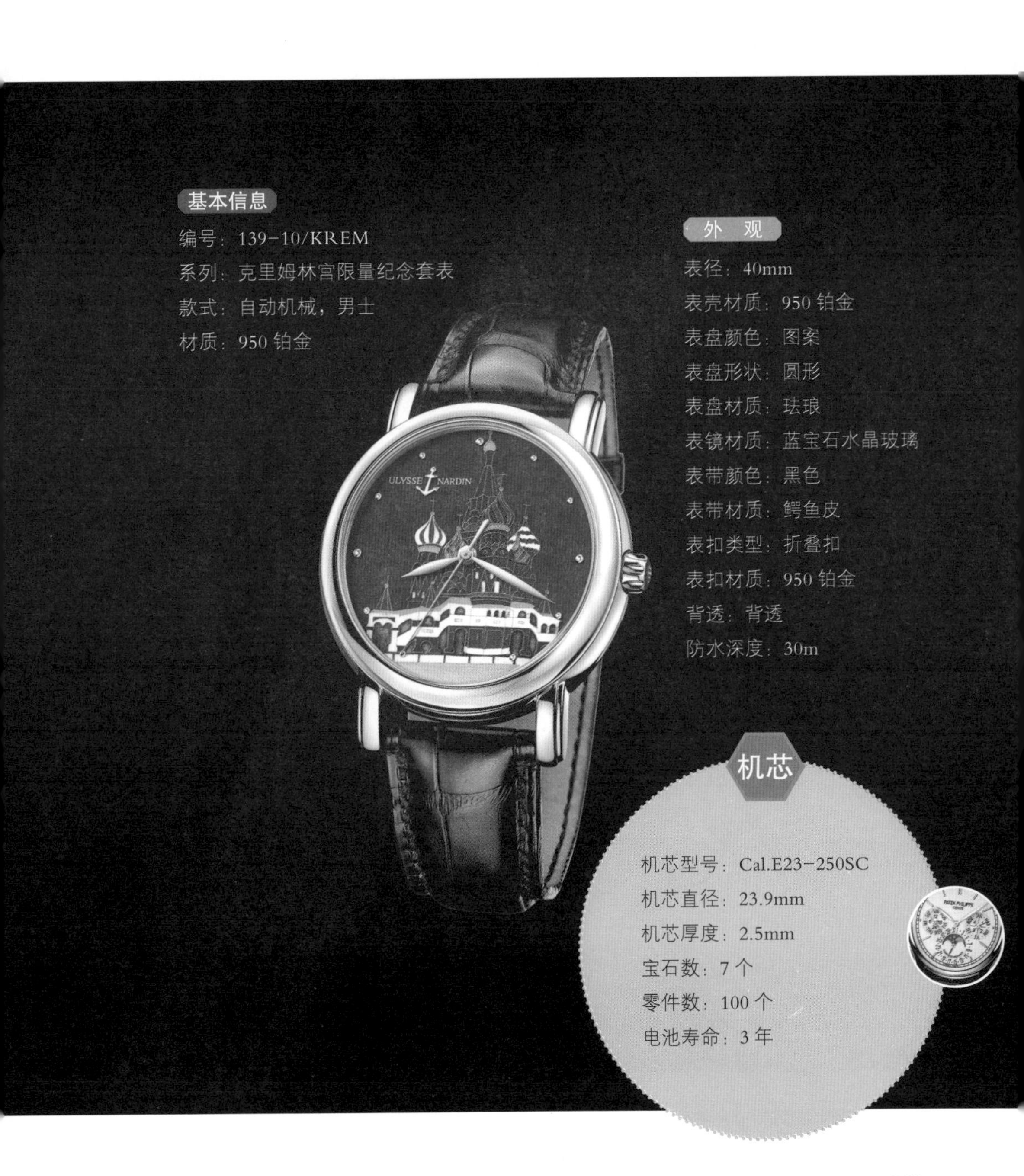

基本信息

编号：139–10/KREM

系列：克里姆林宫限量纪念套表

款式：自动机械，男士

材质：950 铂金

外　观

表径：40mm

表壳材质：950 铂金

表盘颜色：图案

表盘形状：圆形

表盘材质：珐琅

表镜材质：蓝宝石水晶玻璃

表带颜色：黑色

表带材质：鳄鱼皮

表扣类型：折叠扣

表扣材质：950 铂金

背透：背透

防水深度：30m

机芯

机芯型号：Cal.E23–250SC

机芯直径：23.9mm

机芯厚度：2.5mm

宝石数：7 个

零件数：100 个

电池寿命：3 年

圣马可

雅典圣马可大日期腕表系列 346-22 腕表

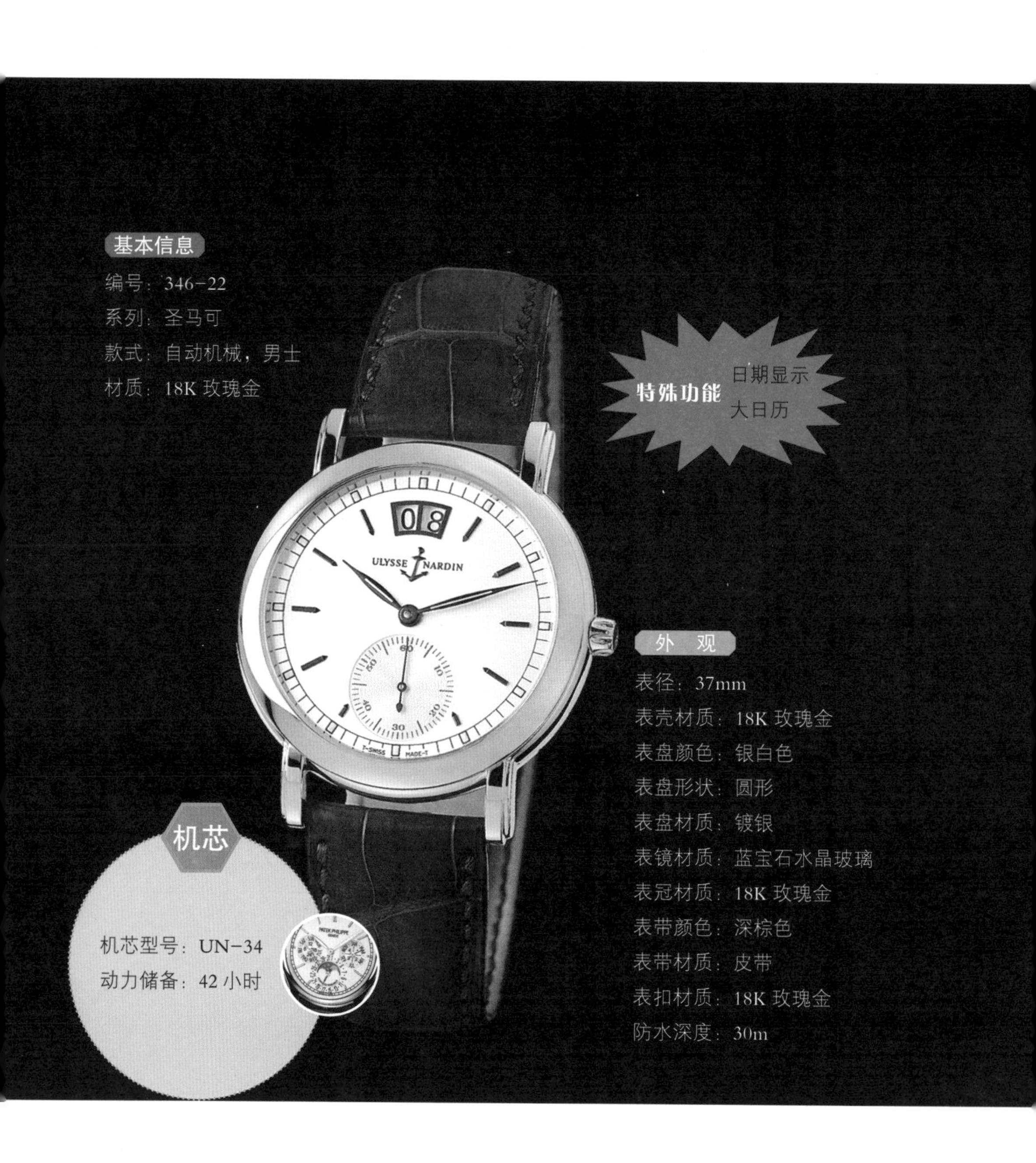

米开朗基罗

雅典米开朗基罗大日期腕表系列 233-68/52 腕表

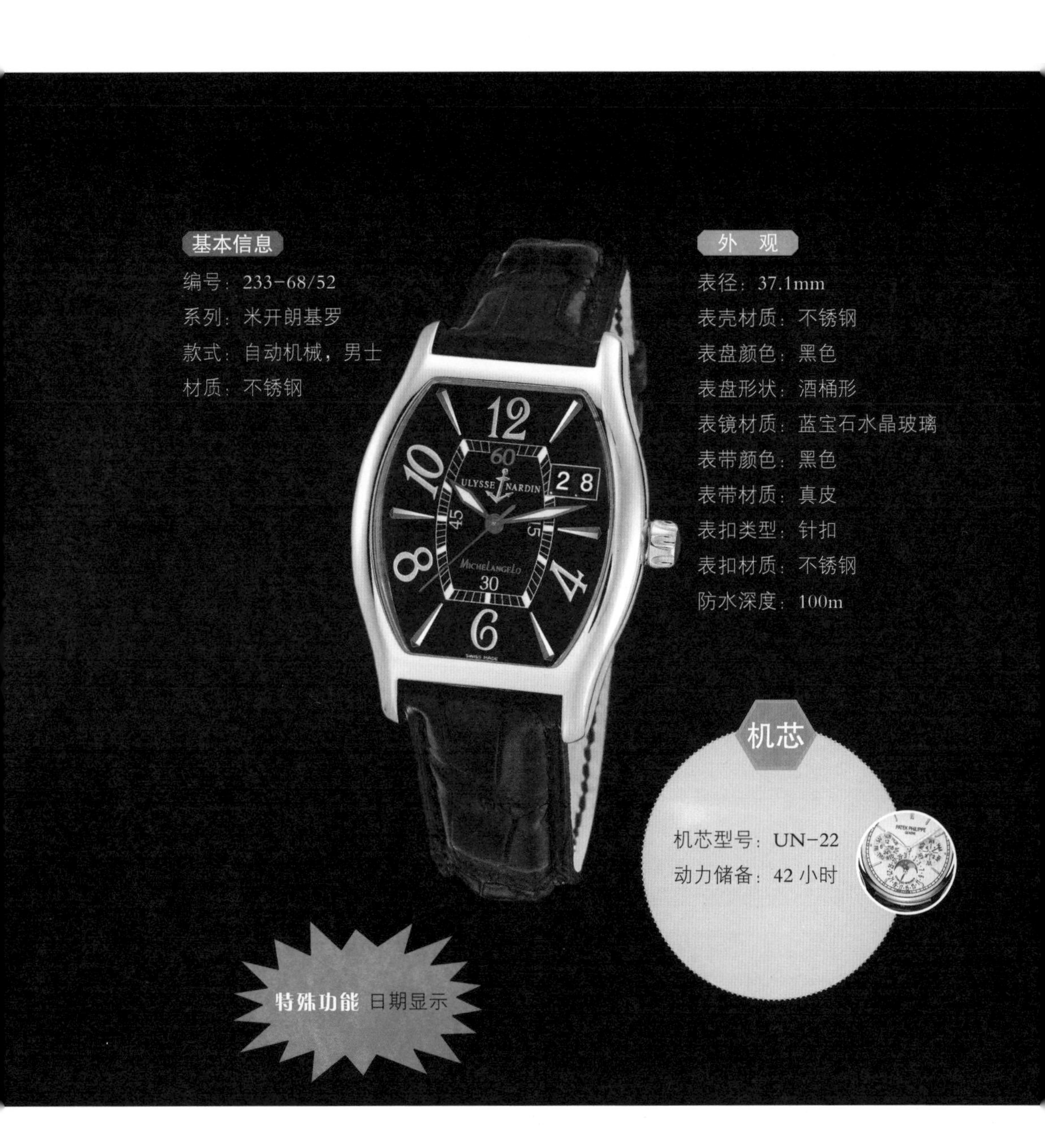

基本信息

编号：233-68/52

系列：米开朗基罗

款式：自动机械，男士

材质：不锈钢

外观

表径：37.1mm

表壳材质：不锈钢

表盘颜色：黑色

表盘形状：酒桶形

表镜材质：蓝宝石水晶玻璃

表带颜色：黑色

表带材质：真皮

表扣类型：针扣

表扣材质：不锈钢

防水深度：100m

机芯

机芯型号：UN-22

动力储备：42 小时

特殊功能 日期显示

双时区

雅典双时区系列 243-22B/30-02 腕表

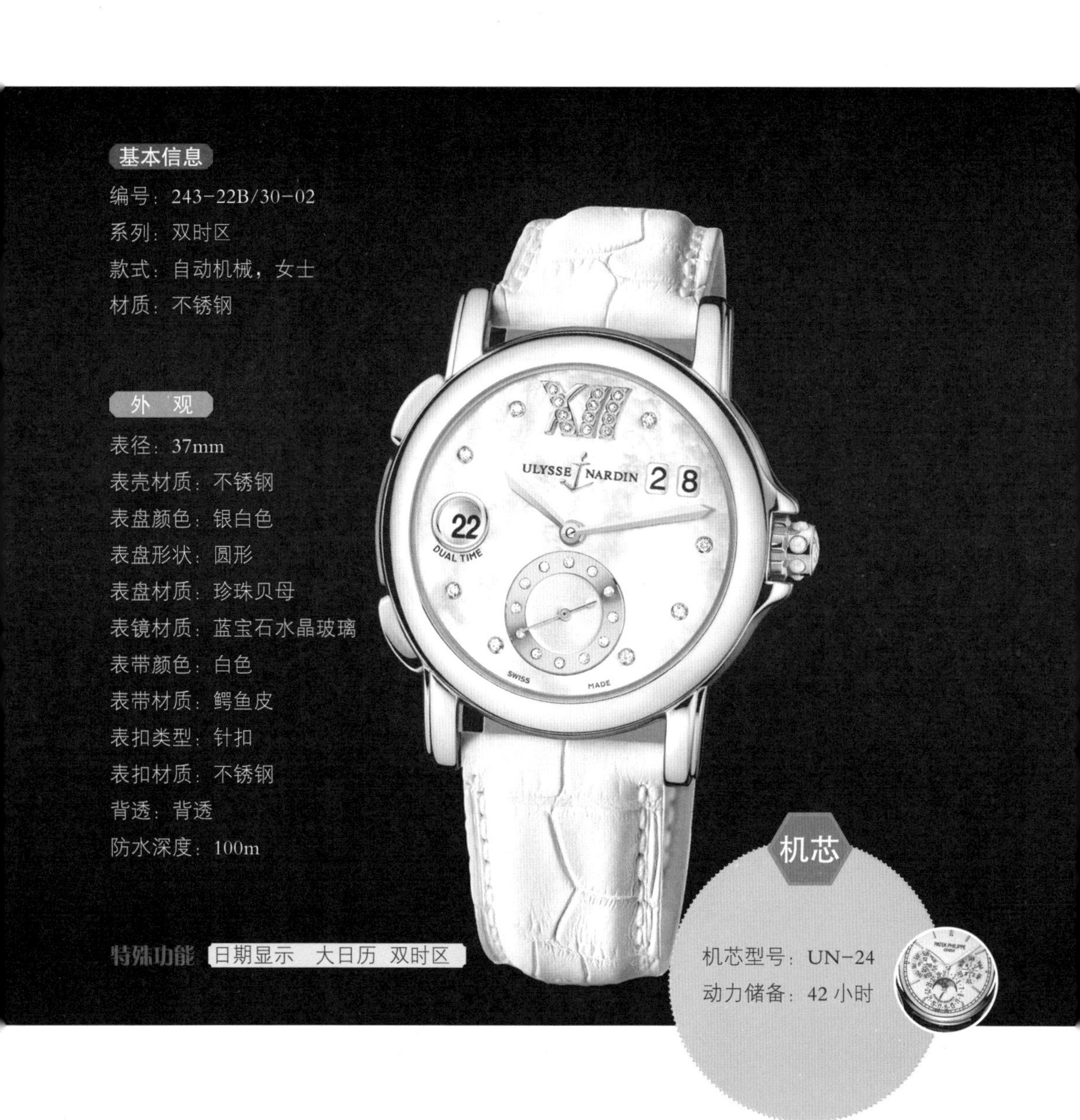

基本信息

编号：243-22B/30-02

系列：双时区

款式：自动机械，女士

材质：不锈钢

外　观

表径：37mm

表壳材质：不锈钢

表盘颜色：银白色

表盘形状：圆形

表盘材质：珍珠贝母

表镜材质：蓝宝石水晶玻璃

表带颜色：白色

表带材质：鳄鱼皮

表扣类型：针扣

表扣材质：不锈钢

背透：背透

防水深度：100m

特殊功能　日期显示　大日历　双时区

机芯

机芯型号：UN-24

动力储备：42 小时

Macho 钯金 950 腕表

雅典 Macho 钯金 950 腕表系列 278-70-8M/609 腕表

基本信息

编号：278-70-8M/609

系列：Macho 钯金 950 腕表

款式：自动机械，男士

材质：钯金

外　观

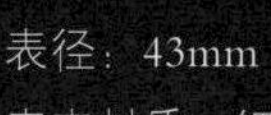

表径：43mm

表壳材质：钯金

表盘颜色：银灰色

表盘形状：椭圆形

表镜材质：蓝宝石水晶玻璃

表带颜色：银色

表带材质：钯金

表扣类型：折叠扣

表扣材质：950 钯金

背透：背透

防水深度：50m

特殊功能 日期显示　动力储备显示

机芯

机芯型号：UN-27

动力储备：42 小时

160 周年纪念

雅典 160 周年纪念系列 1602-100 腕表

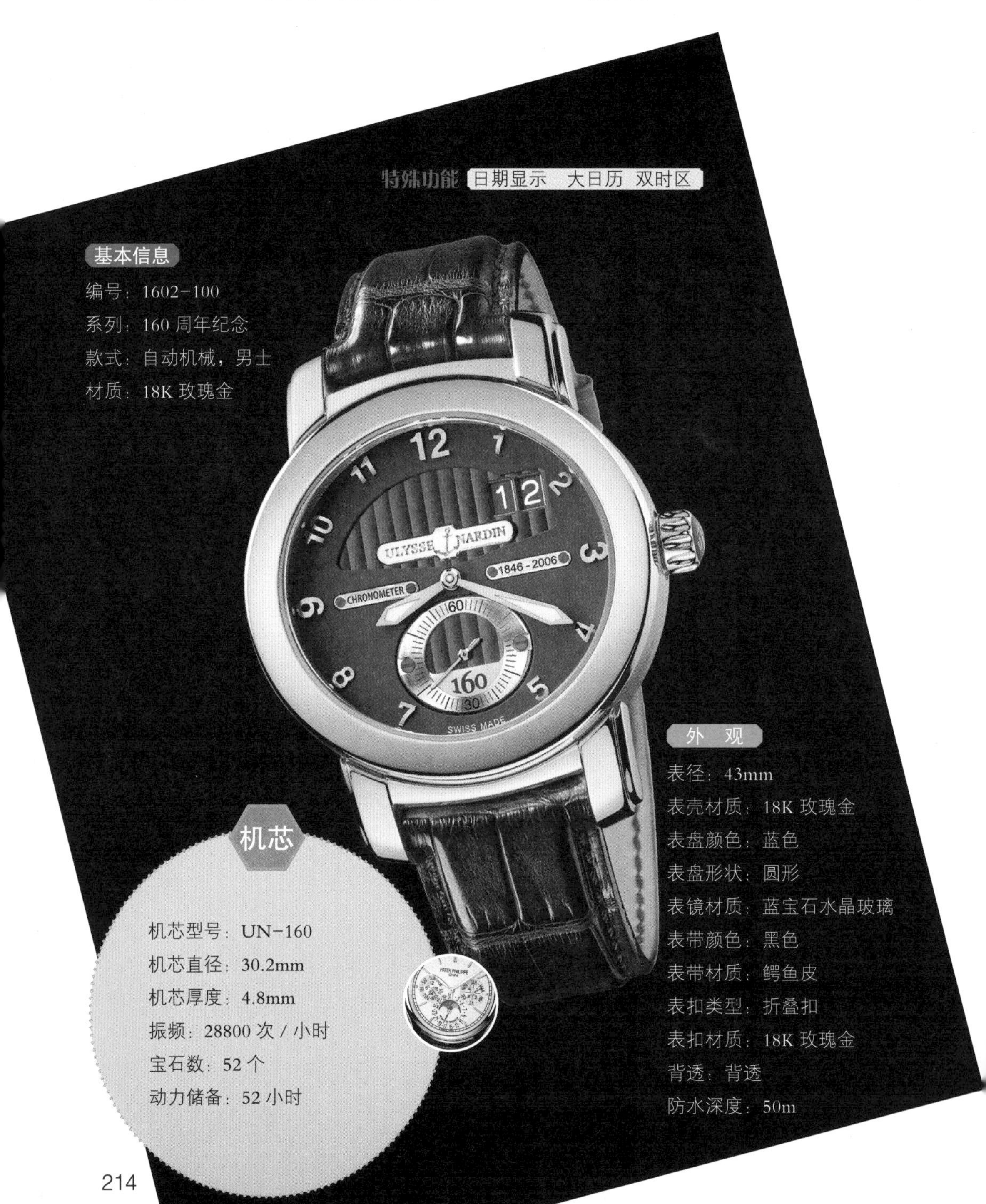

特殊功能 日期显示 大日历 双时区

基本信息

编号：1602-100

系列：160 周年纪念

款式：自动机械，男士

材质：18K 玫瑰金

外 观

表径：43mm

表壳材质：18K 玫瑰金

表盘颜色：蓝色

表盘形状：圆形

表镜材质：蓝宝石水晶玻璃

表带颜色：黑色

表带材质：鳄鱼皮

表扣类型：折叠扣

表扣材质：18K 玫瑰金

背透：背透

防水深度：50m

机芯

机芯型号：UN-160

机芯直径：30.2mm

机芯厚度：4.8mm

振频：28800 次 / 小时

宝石数：52 个

动力储备：52 小时

航海腕表

雅典 Maxi 航海潜水计时腕表系列 8006-102-3A/92 腕表

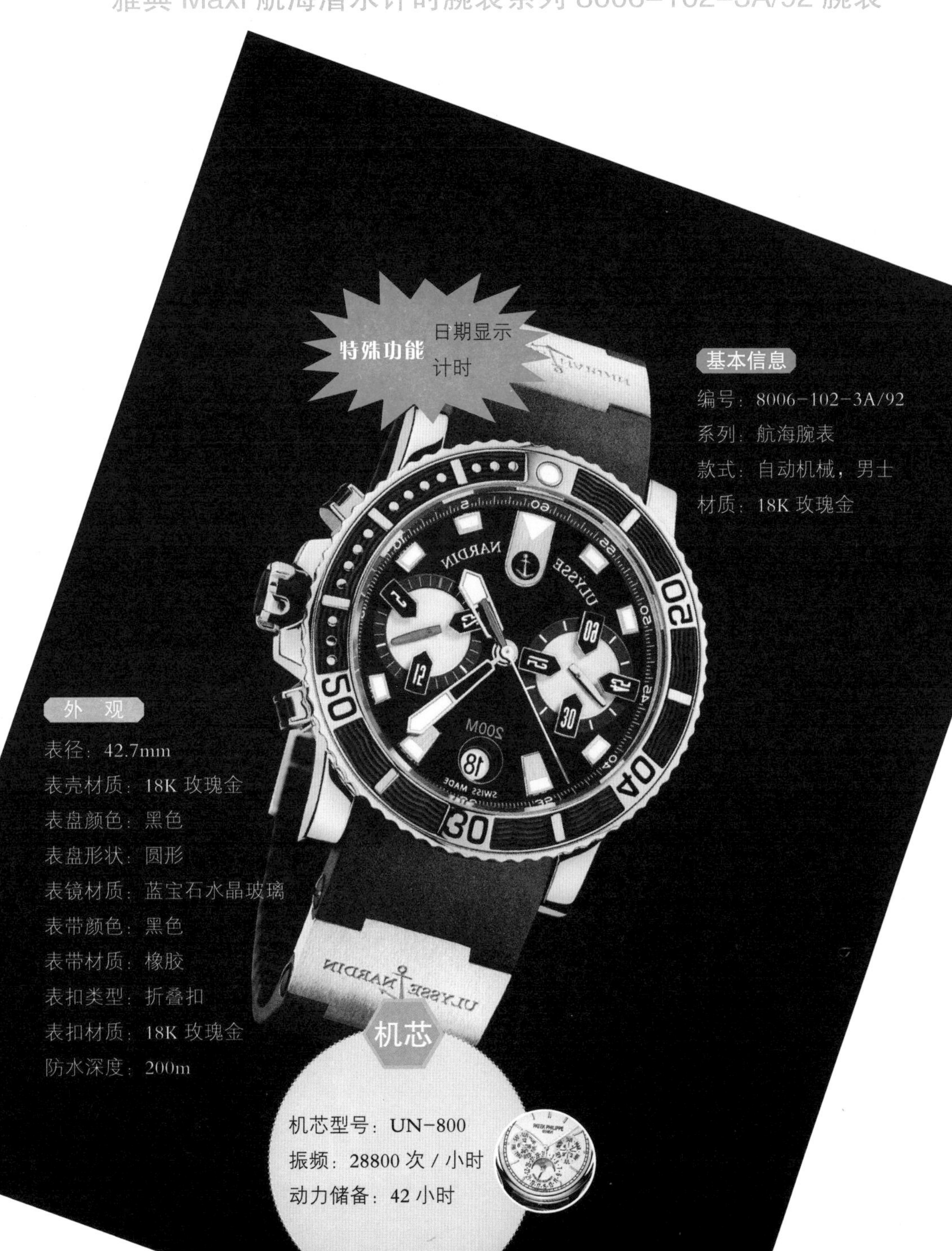

基本信息

编号：8006-102-3A/92
系列：航海腕表
款式：自动机械，男士
材质：18K 玫瑰金

外　观

表径：42.7mm
表壳材质：18K 玫瑰金
表盘颜色：黑色
表盘形状：圆形
表镜材质：蓝宝石水晶玻璃
表带颜色：黑色
表带材质：橡胶
表扣类型：折叠扣
表扣材质：18K 玫瑰金
防水深度：200m

机芯

机芯型号：UN-800
振频：28800 次 / 小时
动力储备：42 小时

复杂

雅典奇想 Freak28800V/h 陀飞轮系列 020-88 腕表

基本信息

编号：020-88

系列：复杂

款式：手动机械，男士

材质：18K 铂金

外　观

表径：44.5mm

表壳材质：18K 铂金

表盘颜色：深蓝色

表盘形状：圆形

表镜材质：蓝宝石水晶玻璃

表带颜色：蓝色

表带材质：真皮

表扣材质：18K 铂金

机芯

机芯型号：UN-200

动力储备：168 小时

限量版腕表

雅典 MAXI 镂空表系列 3006-200 腕表

特殊功能 全镂空

基本信息

编号：3006-200
系列：限量版腕表
款式：手动机械，男士
材质：18K 玫瑰金

机芯

机芯型号：UN-300
动力储备：42 小时

外观

表径：43.5mm
表壳材质：18K 玫瑰金
表盘颜色：镂空
表盘形状：圆形
表镜材质：蓝宝石水晶玻璃
表带颜色：深棕色
表带材质：鳄鱼皮
表扣类型：折叠扣
表扣材质：18K 玫瑰金
背透：背透
防水深度：30m

万年历

雅典万年历系列 322-00 腕表

机芯

机芯型号：UN-32
动力储备：45 小时

基本信息

编号：322-00
系列：万年历
款式：自动机械，男士
材质：18K 玫瑰金

外　观

表径：43mm
表壳材质：18K 玫瑰金
表盘颜色：黑色
表盘形状：圆形
表镜材质：蓝宝石水晶玻璃
表带颜色：深棕色
表带材质：鳄鱼皮
表扣类型：折叠扣
表扣材质：18K 玫瑰金
背透：背透
防水深度：100m

特殊功能 日期显示　大日历　万年历

欧米茄 Omega

——詹姆斯·邦德的选择

中文名	欧米茄
英文名	Omega
创始人	路易斯·勃兰特
创建时间	1848 年
发源地	瑞士·拉绍德封
品牌系列	特别、碟飞、超霸、星座、海马
品牌标识	欧米茄品牌标识是“Ω”，这是个很美的符号，是希腊文最后一个字母，象征完美与成就
设计风格	精准、优质、完美

路易斯・勃兰特

品牌故事

1848年，一个漫长的冬季里，路易斯·勃兰特(Louis Brandt)在微弱的灯光下，把从其他工匠手中买来的零部件一件件组装成怀表。

冬天一过，路易斯・勃兰特就带着自己的怀表到欧洲各国兜售。勃兰特的两个儿子路易斯・保罗和恺撒也随后加入父亲的行列。

1879年，路易斯・勃兰特逝世，他的两个儿子挑起了大梁，继续领导公司。路易斯・勃兰特的大儿子将路易斯・勃兰特的公司转型成为手表制造厂，并且将工厂搬到了人力、资源丰富的比尔地区。

1894年，勃兰特的公司开发出“19法分机芯”，并从同行中脱颖而出。后来，该公司把机芯命名为“欧米茄”。为纪念这个成就，勃兰特公司更名为“欧米茄”。

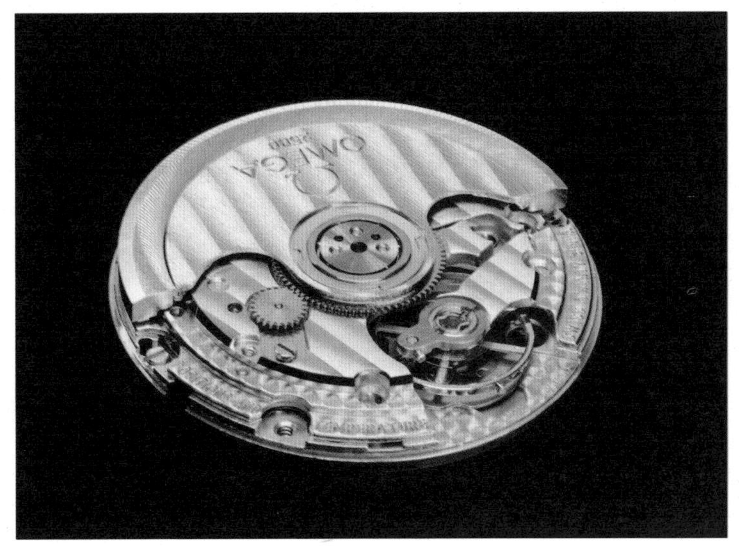

欧米茄生产的机芯

此后的欧米茄公司，就像一个巨人，一举成为钟表制造业中的巨头之一。然而，路易斯·保罗和恺撒的先后离世，使年生产 24 万只表、拥有 800 多名工人的欧米茄落到了一群年轻人手中——勃兰特家族的第三代。他们当中最大的保罗·艾米尔还未满 24 岁。

然而，欧米茄在保罗·艾米尔近半个世纪的经营下，渐渐成为主流，跻身世界名牌行列。

保罗·艾米尔是一个精明的商人，他与协约国、轴心国都做生意，并且还为一些国家提供专门的军工手表。然而，经济困难让他不得不割舍部分利益，几经转折，欧米茄最终归属在世界头号钟表集团 SSIH-A-SUAG 旗下。

直至 1909 年踏入世界体坛，欧米茄才与体育结缘。一百多年来，欧米茄先后 23 次为奥运会担任计时工作。除了能够准确计时外，欧米茄在运动场内还创造了数量众多的伟大发明：第一台可显示 1/1000 秒的终点摄像装置、电子计时仪、可将测量时段显示于电视屏幕的欧米茄观测望远装置以及大型视频矩阵记分板等。1952 年，欧米茄因对世界体坛的卓越贡献而得到了奥林匹克荣誉勋章。

欧米茄腕表（一对）

1969 年，随着人类第一次登上月球，欧米茄成为第一只也是唯一一只在月球上佩戴过的手表。

欧米茄的智慧在于不把任何工业化泛滥到制表的任何一个环节，每一道制表工序都靠手工完成，这使得它至今仍可底气十足地说："拒绝批量生产，秉承手工制作的瑞士制表传统。"

美国前宇航员彼得·斯坦夫特说："在太空的一切任务当中，都需要严格控制时间，因此时间变得非常可贵。'阿波罗 13 号'舱体有一次爆炸，在我们返回的途中，我们没有充足的电源，最后，我们不得不瞄向地球开动引擎，通过'欧米茄'表来测量返回地球的分分秒秒。引用一句欧米茄的话来说——'人类要征服太空，要掌握时间、利用时间和把准时间。'"

如今，欧米茄仍是人们心仪的对象，一百多年以来，欧米茄稳占世界制表业的先锋位置，创造了骄人成就。

路易斯·勃兰特的工作台

经典系列

特别

欧米茄 2012 伦敦奥林匹克 Olympic Collection London2012 系列 522.23.39.20.02.001 腕表

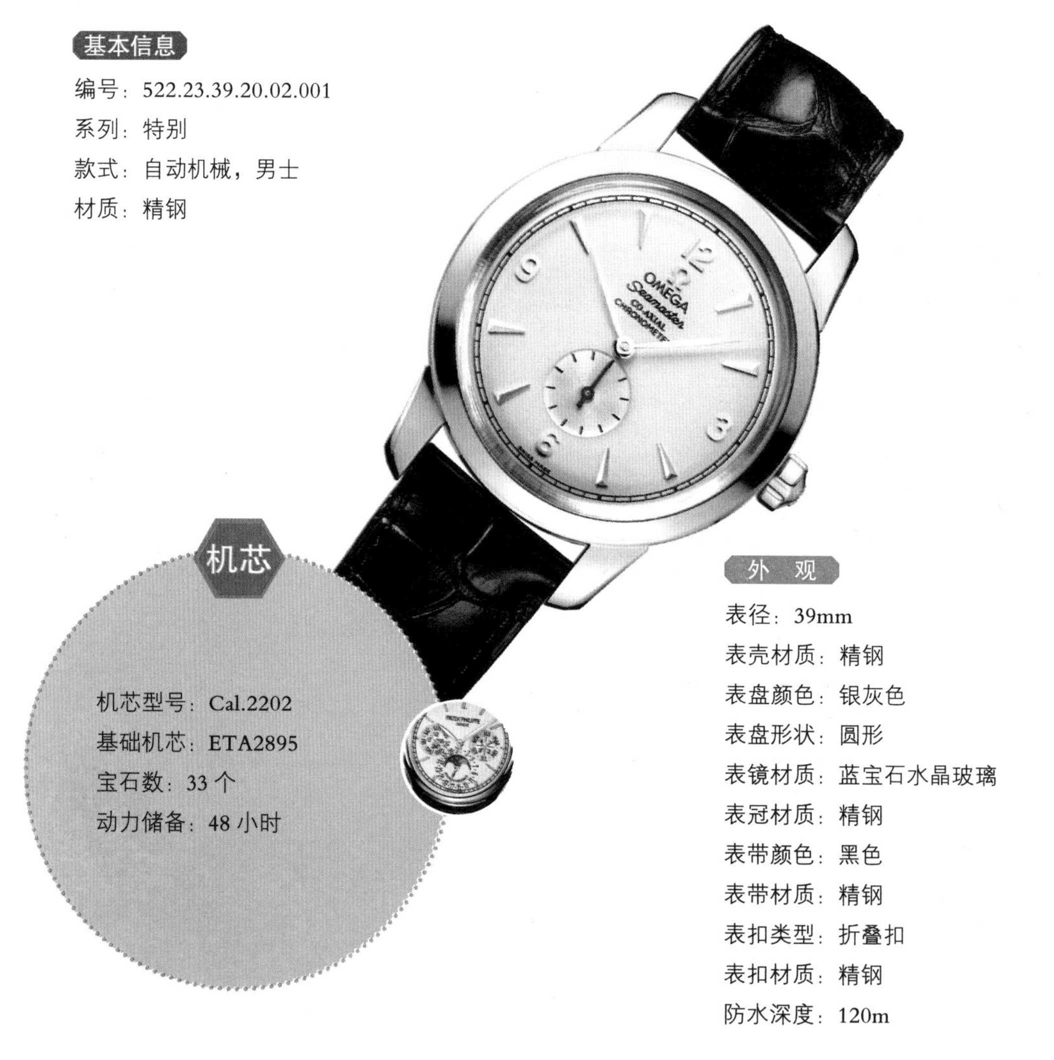

基本信息

编号：522.23.39.20.02.001
系列：特别
款式：自动机械，男士
材质：精钢

机芯

机芯型号：Cal.2202
基础机芯：ETA2895
宝石数：33 个
动力储备：48 小时

外 观

表径：39mm
表壳材质：精钢
表盘颜色：银灰色
表盘形状：圆形
表镜材质：蓝宝石水晶玻璃
表冠材质：精钢
表带颜色：黑色
表带材质：精钢
表扣类型：折叠扣
表扣材质：精钢
防水深度：120m

欧米茄博物馆特别 Museum 系列 516.53.39.50.02.001 腕表

特殊功能 计时

基本信息

编号：516.53.39.50.02.001

系列：特别

款式：手动机械，男士

材质：18K 玫瑰金

外 观

表径：39mm

表壳材质：18K 玫瑰金

表盘颜色：粉色

表盘形状：圆形

表镜材质：蓝宝石水晶玻璃

表带颜色：深棕色

表带材质：皮带

表扣材质：18K 玫瑰金

防水深度：30m

机芯

机芯型号：Cal.3201

基础机芯：Piguet1285

机芯直径：27mm

机芯厚度：5.4mm

摆轮：无卡度

振频：28800 次 / 小时

宝石数：29 个

动力储备：55 小时

碟飞

欧米茄陀飞轮表款 Tourbillon 系列 5946.30.31 腕表

基本信息

编号：5946.30.31
系列：碟飞
款式：自动机械，男士
材质：950 铂金

外 观

表径：38.7mm
表壳材质：950 铂金
表盘颜色：镂空
表盘形状：圆形
表盘材质：蓝宝石
表镜材质：蓝宝石水晶玻璃
表带颜色：黑色
表带材质：皮带
表扣材质：950 铂金
防水深度：30m

特殊功能 陀飞轮

机芯

机芯型号：Cal.2633
宝石数：48 个
动力储备：45 小时

欧米茄同轴擒纵计时 Co-Axial Chronograph 系列 431.53.42.51.03.001 腕表

基本信息

编号：431.53.42.51.03.001

系列：碟飞

款式：自动机械，男士

材质：18K 玫瑰金

特殊功能

日期显示

计时

外 观

表径：42mm

表壳厚度：15.9mm

表壳材质：18K 玫瑰金

表盘颜色：深蓝色

表盘形状：圆形

表镜材质：防刮蓝宝石水晶玻璃

表冠材质：18K 玫瑰金

表带颜色：深蓝色

表带材质：鳄鱼皮

表扣材质：18K 玫瑰金

背透：背透

防水深度：100m

机芯

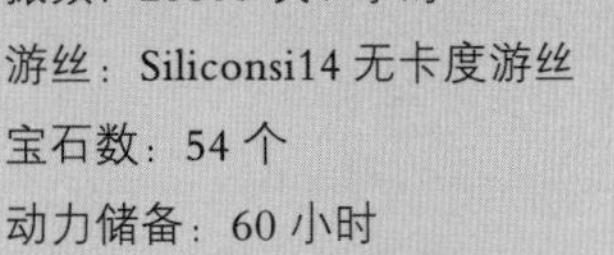

机芯型号：Cal.9301

振频：28800 次 / 小时

游丝：Siliconsi14 无卡度游丝

宝石数：54 个

动力储备：60 小时

超霸

欧米茄专业计时表款 Day-Date 系列 3222.80.00 腕表

基本信息

编号：3222.80.00

系列：超霸

款式：自动机械，男士

材质：精钢

外 观

表径：40mm

表壳材质：精钢

表盘颜色：深蓝色

表盘形状：圆形

表镜材质：蓝宝石水晶玻璃

表带颜色：银色

表带材质：精钢

表扣材质：精钢

防水深度：100m

机芯

机芯型号：Cal.3606

基础机芯：ETA7751

机芯直径：30mm

机芯厚度：7.9mm

宝石数：25 个

动力储备：44 小时

特殊功能

日期显示　星期显示

月份显示　计时

星座

欧米茄 35mm 石英表 Quartz35mm 系列 123.18.35.60.60.001 腕表

基本信息

编号：123.18.35.60.60.001

系列：星座

款式：石英，女士

材质：精钢镶钻

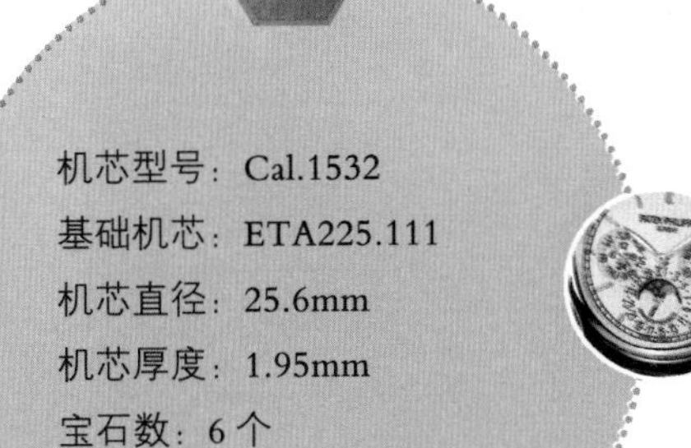

机芯

机芯型号：Cal.1532

基础机芯：ETA225.111

机芯直径：25.6mm

机芯厚度：1.95mm

宝石数：6 个

外　观

表径：35mm

表壳材质：精钢镶钻

表盘颜色：紫色

表盘形状：圆形

表盘材质：镶钻

表镜材质：蓝宝石水晶玻璃

表冠材质：精钢

表带颜色：紫色

表带材质：皮带

表扣材质：精钢

背透：密底

防水深度：100m

海马

欧米茄 Aqua Terra XXL Small Seconds 系列 231.13.49.10.06.001 腕表

基本信息

编号：231.13.49.10.06.001

系列：海马

款式：自动机械，男士

材质：精钢

外 观

表径：49.2mm

表壳材质：精钢

表盘颜色：深灰色

表盘形状：圆形

表镜材质：蓝宝石水晶玻璃

表带颜色：黑色

表带材质：鳄鱼皮

表扣材质：精钢

防水深度：150m

特殊功能 计时

机芯

机芯型号：Cal.2211

动力储备：53 小时

中文名	真力时
英文名	Zenith
创始人	乔治·法伯·贾克
创建时间	1865 年
发源地	瑞士
品牌系列	HERITAGE、飞行员、指挥官、ACADEMY、EL PRIMERO
品牌标识	真力时的标识融入了五角星的元素，非常有革命气氛。标识设计简洁，字母采用很呆板的元素，但是，正是这样的形式完整地体现了标识设计的另外一种庄严的风格
设计风格	大胆、创新

乔治・法伯・贾克

品牌故事

1865年，在乔治・法伯・贾克的推动下，一间神秘的制表工坊诞生了。乔治・法伯・贾克独具慧眼，年仅22岁的他首先提出了高级钟表制作的概念。为了能够制作出高级钟表，他召集了很多钟表大师，给他们提供最好的待遇，使他们能够全身心投入到钟表设计当中。

从此，真力时便开始辉煌“一生”。

1875年，真力时钟表厂已雇用勒罗克三分之一人口，并相继设计出了怀表、挂钟、摆钟以及航海使用的天文钟。

1896年，真力时在日内瓦的瑞士国家展览会上赢得一枚金牌。

真力时机芯

真力时腕表

一个格外安静的夜晚，乔治·法伯·贾克研制出了一枚他最为骄傲的机芯。就在他抬头仰望星空时，他突然得到启发。绕北极星运转的庞大天体体系，使他想到了钟表的齿轮围绕轴心运转的复杂结构。于是，他决定以意为宇宙最高点的“ZENITH”一词，为自己的机芯和钟表命名。

乔治·法伯·贾克去世后，他的侄子詹姆士·菲尔摩接替了他的职位，继承了家族事业。在钟表蓬勃发展的 20 世纪 20 年代，真力时靠其产品的精准、高品质充分满足了人们对钟表的热爱。在当时那个年代，准确可靠的机芯让迷恋于汽车和速度的男人们同样爱不释手。

1920 年，真力时前后一共生产了 200 万只表。在走向国际的战略推动下，真力时在日内瓦、莫斯科、巴黎、维也纳、伦敦和纽约等国际大都市开设了分店。

20世纪30年代中期，随着科技的进步，民航业对钟表业的准确度要求也更高。因此，以高品质机械机芯而著名的真力时钟表厂着手多元化市场，将自己生产的定时器安装在法国海军飞机上、皇室建筑上、意大利和英国海军船舰上。

20世纪40年代中期，真力时审时度势，开始重返市场制造腕表。在创新理念的驱动下，真力时开发了一个新的独特的自动机械机芯，并以此为基础再将它完美化，将复杂功能的计时码表机芯成功地组合安装在极其有限的表壳空间内。

20世纪60年代中后期，石英表开始出现在市场上，真力时随即进入石英表市场。ZENITH坚持不渝，保留其优良特性。

总之，真力时之所以能在传统钟表界中表现惊人，是因为其稳重、创新的理念。

经过百年的历史，真力时重新定位市场，重新设计，它从年轻聪颖的创始人所留下的品牌资产中得到启示，开发出很多式样独特、古典而又创新、传统与现代完美结合的新表款。

真力时腕表

经典系列

HERITAGE

真力时 ULTRA THIN 超薄月相女装腕表系列 03.2310.692/02.C706 腕表

基本信息

编号：03.2310.692/02.C706

系列：HERITAGE

款式：自动机械，女士

材质：不锈钢

特殊功能　月相

外　观

表径：33mm

表壳材质：不锈钢

表盘颜色：银白色

表盘形状：圆形

表镜材质：蓝宝石水晶玻璃

表带颜色：灰色

表带材质：鳄鱼皮

表扣类型：针扣

表扣材质：不锈钢

背透：背透

防水深度：30m

机芯

机芯型号：Elite692

机芯直径：25.6mm

机芯厚度：3.97mm

振频：28800 次 / 小时

宝石数：27 个

零件数：195 个

动力储备：50 小时

飞行员

真力时“TYPE 20飞行器”腕表系列 95.2420.5011/21.C723 腕表

基本信息

编号：95.2420.5011/21.C723

系列：飞行员

款式：手动机械，男士

材质：钛金属

特殊功能 日期显示 动力储备显示

外 观

表径：57.5mm

表壳材质：钛金属

表盘颜色：黑色

表盘形状：圆形

表镜材质：蓝宝石水晶玻璃

表冠材质：钛金属

表带颜色：深棕色

表带材质：皮带

表扣类型：针扣

表扣材质：钛金属

背透：背透

防水深度：30m

机芯

机芯型号：5011K

机芯直径：50mm

机芯厚度：10mm

振频：18000 次 / 小时

宝石数：19 个

零件数：134 个

动力储备：48 小时

指挥官

真力时月相腕表系列 03.2140.691/02.C498 腕表

基本信息

编号：03.2140.691/02.C498
系列：指挥官
款式：自动机械，男士
材质：不锈钢

机芯

机芯型号：Elite691
机芯直径：25.6mm
机芯厚度：5.67mm
振频：28800 次 / 小时
宝石数：27 个
零件数：228 个
动力储备：50 小时

外 观

表径：40mm
表壳材质：不锈钢
表盘颜色：银灰色
表盘形状：圆形
表镜材质：蓝宝石水晶玻璃
表带颜色：深棕色
表带材质：鳄鱼皮
表扣类型：针扣
表扣材质：不锈钢
背透：背透

ACADEMY

真力时克里斯托弗·哥伦布 CHRISTOPHE COLOMB 腕表系列 45.2210.8804/09.C630 腕表

特殊功能 动力储备显示　陀飞轮

基本信息

编号：45.2210.8804/09.C630

系列：ACADEMY

款式：手动机械，男士

材质：18K 铂金镶钻

外 观

表径：45mm

表壳材质：18K 铂金镶钻

表盘颜色：镶钻

表盘形状：圆形

表镜材质：蓝宝石水晶玻璃

表冠材质：18K 铂金

表带颜色：黑色

表带材质：鳄鱼皮

表扣类型：针扣

表扣材质：18K 铂金

防水深度：30m

机芯

机芯型号：ElPrimero8804

机芯厚度：5.85mm

振频：36000 次 / 小时

宝石数：45 个

零件数：175 个

动力储备：50 小时

EL PRIMERO

真力时旗舰开心腕表系列 03.2080.4021/01.C494 腕表

特殊功能 计时 动力储备显示

基本信息

编号：03.2080.4021/01.C494

系列：EL PRIMERO

款式：自动机械，男士

材质：不锈钢

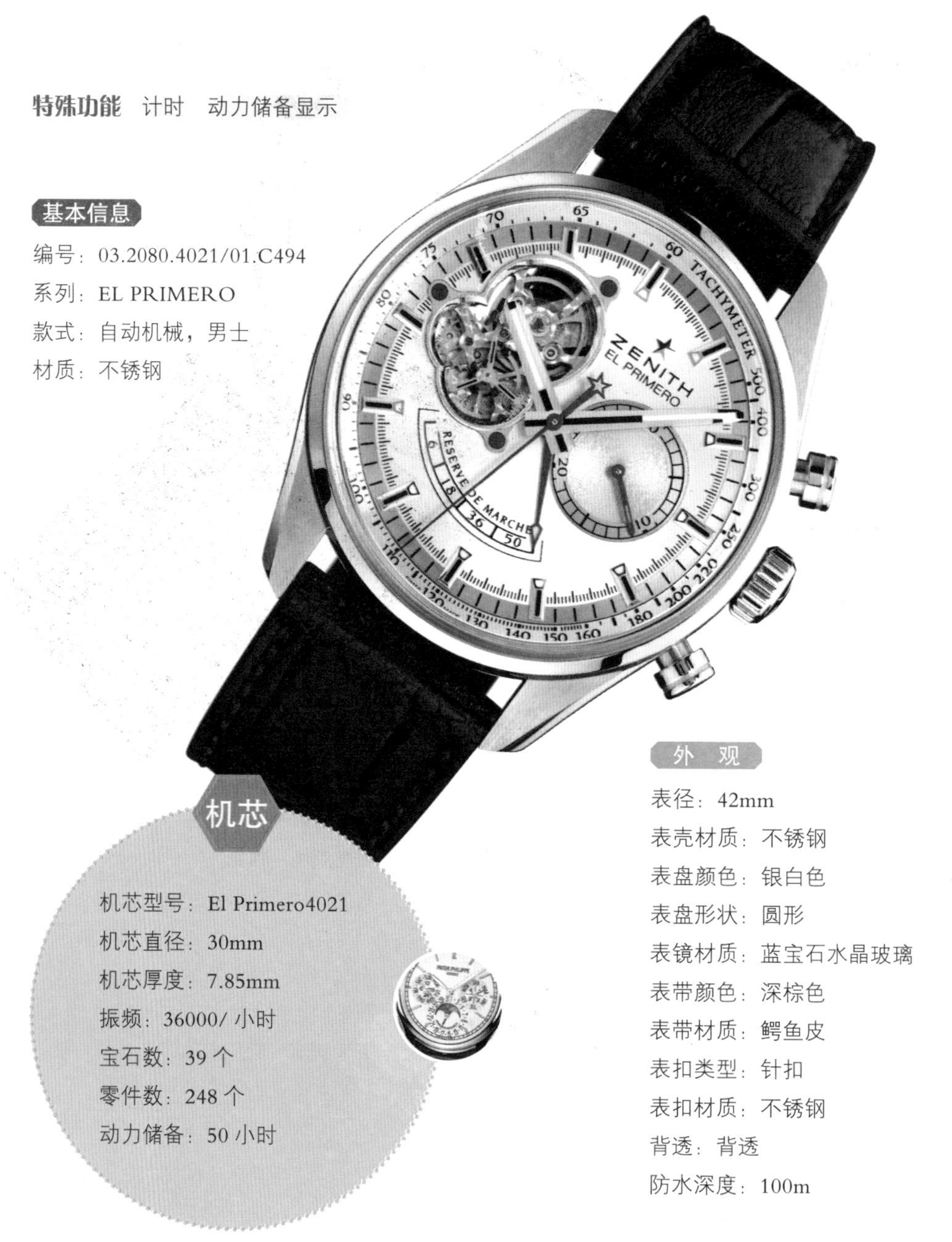

外 观

表径：42mm

表壳材质：不锈钢

表盘颜色：银白色

表盘形状：圆形

表镜材质：蓝宝石水晶玻璃

表带颜色：深棕色

表带材质：鳄鱼皮

表扣类型：针扣

表扣材质：不锈钢

背透：背透

防水深度：100m

机芯

机芯型号：El Primero4021

机芯直径：30mm

机芯厚度：7.85mm

振频：36000/ 小时

宝石数：39 个

零件数：248 个

动力储备：50 小时

A.Lange& Sohne 朗格

——从不随波逐流，坚持自我风格

中文名	朗格
英文名	A.Lange&SÖhne
创始人	费尔迪南多・阿道夫・朗格
创建时间	1845 年
发源地	德国・格拉苏蒂镇
品牌系列	Edition"Homage To F.A.Lange"、朗格 31、LANGEMATIK、双追针计时系列、Tourbograph"Pour le Mérite"、猫头鹰、万年历、理查德朗格、袖珍朗格、1815
品牌标识	朗格 A.Lange&SÖhne 手表的标识是钟表行业中最有意思的一个，采用的是表带常用的弧形设计，Logo 在手表中的运用正好融合了手表的圆形结构，非常独特，具有深意。
设计风格	精细、创新、时尚

费尔迪南多·阿道夫·朗格

品牌故事

1845年，费尔迪南多·阿道夫·朗格(Ferdinand Adolph Lange)在靠近德国德勒斯登的格拉苏蒂镇创立了朗格。对每一只表，费尔迪南多·阿道夫·朗格都不敢有半点懈怠。螺丝固定黄金套筒上有宝石轴承、蓝钢指针及螺丝，这些为当时的朗格怀表增添了不少特色的装饰。手工雕花的摆轮夹板按传统花卉图案由大师手工制成，也正是因此，每一枚都流露出个人风格。正是这种对品质和手工的完美追求，才让朗格在欧洲市场一直享有盛誉。

19世纪的欧洲是冒险家们的天堂。在众多探险家当中，朗格为人们提供了精准的计时装备。自创建以来，朗格一直遵循着创始人费尔迪南多·阿道夫·朗格对精密制表业的精神信仰——用先进的科技来推动制表业。朗格的第二代Richard Lange被称为铍镍合金游丝的精神之父。这种游丝技术至今仍被广泛运用于优质机械计时器当中。

朗格生产的怀表

朗格铂金腕表

1898年，凯瑟·威廉二世特意向朗格定制一只怀表。这只表是作为威廉二世造访奥图曼帝国时赠送给阿布杜勒·哈米德二世的礼物。

然而，因为战争，朗格在接下来的百年当中，其命运和德国的国运一样多舛。经过两次战争的摧残，东西德分裂。传统的家族企业朗格被划入东德。朗格成为全民共同资产。从此，朗格商标化为乌有，朗格制表厂不复存在。朗格成为一个让人感叹的传奇。

二战结束后的朗格沉默了40年。但也因此，镌有朗格商标的怀表在收藏家圈子里更具传奇色彩。1990年，东西德拆掉柏林墙，完成了统一，朗格表厂创始人曾孙瓦尔特·朗格(Walter Lange)得以重续朗格新世纪。

此后，镌有朗格标识的表再一次在市场上出现。很快，朗格制表厂重新打响“德国制造”的美名，并很快再次占据精密制表工艺领袖地位，抗衡诸多瑞士钟表品牌。

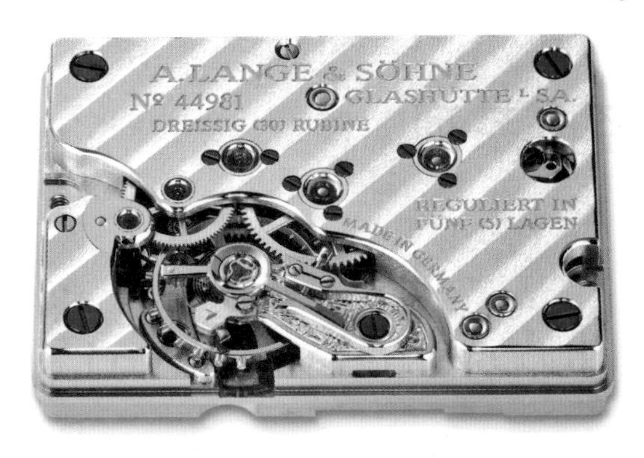

朗格生产的机芯

朗格的再一次崛起，除了以传统德式机芯的优雅风格令表坛气象一新之外，还创造出一种接近完美的视觉印象，可以说，朗格代表了制表技艺和美学境界的结合。重生的朗格为顶级制表领域创立一套非常高的标准，迫使很多瑞士大厂不得不在产品上对其有所回应，而它对“完美工艺”的诠释手法也为表厂与玩家带来反思的契机。一直以来，朗格只制造机械表，只使用自制的机芯，并且不同表款系列必定使用不同的机芯。

1994 年，朗格推出了重生后的第一批腕表——旗舰系列 lange1。这个系列的表，其令人惊艳的偏心表盘设计成为典范，获得多个国际大奖。lange1 第一次出现在人们面前的时候，朗格著名的大日历窗口也首次亮相，它比传统的一般装置大了四倍左右，令人回想起约翰・克里斯迪昂・古特凯斯于 1814 年在德勒斯登为森帕歌剧院所制作的五分钟数字钟。

如今，朗格依旧坚持严谨雕琢的理念，打造每一款钟表。朗格的每一款腕表，都配有特别的机芯，每一个机芯中都使用了近千枚零件，而所有的零件都在工厂内自制完成。

朗格机芯安装

经典系列

Edition"Homage To F.A.Lange"

朗格 LANGE 1 TOURBILLON 系列 722.050 腕表

基本信息

编号：722.050

系列：Edition"Homage To F.A.Lange"

款式：手动机械，男士

材质：18K 黄金

机芯

机芯型号：Cal.L961.2

机芯直径：30.6mm

机芯厚度：5.9mm

摆轮：铍青铜合金偏心平衡摆重

振频：21600/ 小时

游丝：自制

避震：KIF

宝石数：51 个

动力储备：72 小时

外　观

表径：38.5mm

表壳厚度：9.8mm

表壳材质：18K 黄金

表盘颜色：银白色

表盘形状：圆形

表盘材质：实心金

表镜材质：蓝宝石水晶玻璃

表带颜色：深棕色

表带材质：手工缝制鳄鱼皮

表扣材质：18K 黄金

背透：密底

SAXONIA

朗格 SAXONIA 腕表系列 130.032F18K 玫瑰金腕表

基本信息

编号：130.032F18K 玫瑰金

系列：SAXONIA

款式：手动机械，男士

材质：18K 玫瑰金

特殊功能

日期显示　大日历

动力储备显示

机芯

机芯型号：Cal.L034.1

机芯直径：30.4mm

机芯厚度：5.9mm

摆轮：铍青铜合金偏心平衡摆重

振频：21600 次 / 小时

游丝：特殊端面曲线的 Nivarox1 合金，天鹅颈快慢针精密调节装置

避震：Incabloc 避震

宝石数：61 个

零件数：406 个

动力储备：744 小时

外　观

表径：45.9mm

表壳厚度：15.9mm

表壳材质：18K 玫瑰金

表盘颜色：银白色

表盘形状：圆形

表盘材质：银

表镜材质：蓝宝石水晶玻璃

表带颜色：深棕色

表带材质：鳄鱼皮

表扣材质：18K 玫瑰金

背透：背透

朗格 DOUBLE SPLIT 腕表系列 404.032 玫瑰金腕表

特殊功能 计时　追针　动力储备显示　飞返 / 逆跳

基本信息

编号：404.032 玫瑰金
系列：SAXONIA
款式：手动机械，男士
材质：18K 玫瑰金

机芯

机芯型号：Cal.L001.1
机芯直径：30.6mm
机芯厚度：9.45mm
振频：21600 次 / 小时
宝石数：40 个
零件数：465 个
动力储备：38 小时

外　观

表径：43mm
表壳厚度：15.3mm
表壳材质：18K 玫瑰金
表盘颜色：银灰色
表盘形状：圆形
表盘材质：实心银
表镜材质：蓝宝石水晶玻璃
表冠材质：18K 玫瑰金
表带颜色：深棕色
表带材质：鳄鱼皮
表扣材质：18K 玫瑰金
背透：背透

朗格 SAXONIA ANNUAL CALENDAR 系列 330.026 18K 铂金腕表

基本信息

编号：330.026 18K 铂金

系列：SAXONIA

款式：自动机械，男士

材质：18K 铂金

机芯

机芯型号：Cal.L085.1SAX-0-MAT

机芯直径：30.4mm

机芯厚度：5.4mm

摆轮：铍青铜合金偏心平衡摆重

振频：21600 次 / 小时

游丝：Nivarox 游丝

避震：KIF

宝石数：43 个

动力储备：46 小时

外 观

表径：38.5mm

表壳厚度：9.8mm

表壳材质：18K 铂金

表盘颜色：银白色

表盘形状：圆形

表盘材质：银

表镜材质：蓝宝石水晶玻璃

表带颜色：深棕色

表带材质：鳄鱼皮

表扣类型：针扣

表扣材质：18K 铂金

背透：背透

防水深度：30m

特殊功能

日期显示　星期显示　月份显示

年历显示　大日历　月相

LANGEMATIK

朗格 LANGEMATIK 纪念版腕表系列 302.025 铂金腕表

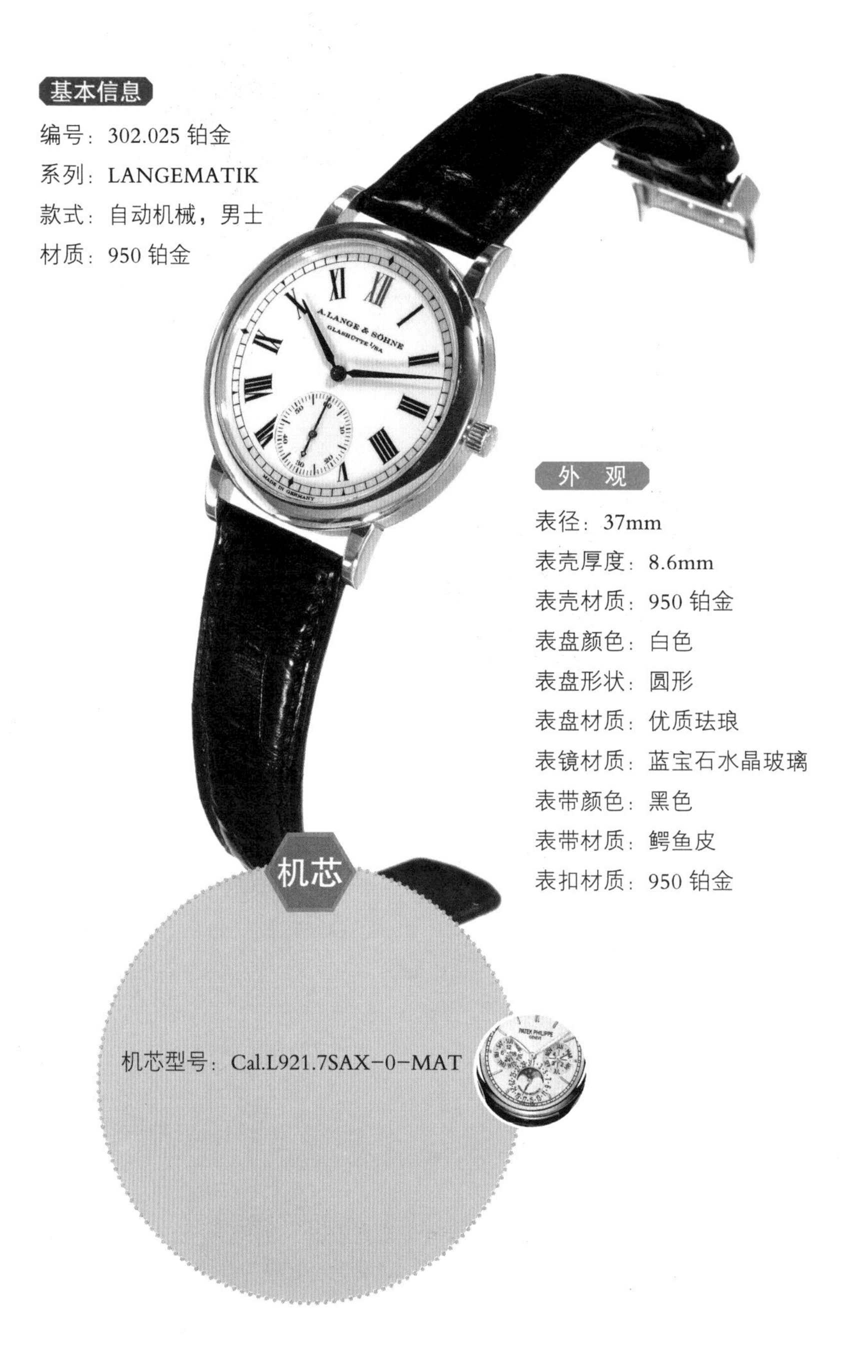

基本信息

编号：302.025 铂金

系列：LANGEMATIK

款式：自动机械，男士

材质：950 铂金

外 观

表径：37mm

表壳厚度：8.6mm

表壳材质：950 铂金

表盘颜色：白色

表盘形状：圆形

表盘材质：优质珐琅

表镜材质：蓝宝石水晶玻璃

表带颜色：黑色

表带材质：鳄鱼皮

表扣材质：950 铂金

机芯

机芯型号：Cal.L921.7SAX-0-MAT

Tourbograph"Pour le Mérite"

朗格 "Pour le Mérite" 腕表系列 701.005 铂金腕表

基本信息

编号：701.005 铂金

系列：Tourbograph"Pour le Mérite"

款式：手动机械，男士

材质：950 铂金

外　观

表径：38.5mm

表壳厚度：10mm

表壳材质：950 铂金

表盘颜色：银灰色

表盘形状：圆形

表盘材质：实心银

表镜材质：蓝宝石水晶玻璃

表带颜色：黑色

表带材质：鳄鱼皮

表扣材质：950 铂金

机芯型号：Cal.L902.0

机芯直径：38.5mm

机芯厚度：10mm

宝石数：29 个

动力储备：36 小时

特殊功能 陀飞轮

ZEITWERK

朗格 ZEITWERK 系列 140.029 白金款腕表

基本信息

编号：140.029 白金款

系列：ZEITWERK

款式：手动机械，男士

材质：18K 铂金

机芯

机芯型号：Cal.L043.1

机芯直径：33.6mm

机芯厚度：9.3mm

摆轮：铍青铜合金偏心轮

振频：18000 次 / 小时

游丝：自制摆轮游丝

避震：Incabloc 避震

宝石数：68 个

动力储备：36 小时

外　观

表径：41.9mm

表壳厚度：12.6mm

表壳材质：18K 铂金

表盘颜色：黑色

表盘形状：圆形

表镜材质：蓝宝石水晶玻璃

表带颜色：黑色

表带材质：软质鳄鱼皮

表扣材质：18K 铂金

背透：密底

DATOGRAPH

朗格 DATOGRAPH 系列 403.032 18K 玫瑰金腕表

基本信息

编号：403.032 18K 玫瑰金

系列：DATOGRAPH

款式：手动机械，男士

材质：18K 玫瑰金

机芯

机芯型号：Cal.L951.1

机芯直径：30.6mm

机芯厚度：7.5mm

摆轮：铍青铜合金偏心平衡摆重

振频：18000 次 / 小时

游丝：特殊端面曲线的 Nivarox1 合金，天鹅颈快慢针精密调节装置

避震：Incabloc 避震

宝石数：40 个

零件数：405 个

动力储备：36 小时

外 观

表径：39mm

表壳厚度：12.8mm

表壳材质：18K 玫瑰金

表盘颜色：银白色

表盘形状：圆形

表盘材质：银

表镜材质：蓝宝石水晶玻璃

表带颜色：深棕色

表带材质：鳄鱼皮

表扣类型：针扣

表扣材质：18K 玫瑰金

背透：背透

防水深度：30m

特殊功能 日期显示 大日历 计时 飞返 / 逆跳

RICHARD LANGE

朗格 RICHARD LANGE 系列 232.025 铂金腕表

基本信息

编号：232.025 铂金

系列：RICHARD LANGE

款式：手动机械，男士

材质：950 铂金

机芯

机芯型号：Cal.L041.2

振频：21600 次 / 小时

宝石数：26 个

零件数：199 个

动力储备：38 小时

外 观

表径：40.5mm

表壳厚度：10.5mm

表壳材质：950 铂金

表盘颜色：银灰色

表盘形状：圆形

表盘材质：实心银

表镜材质：蓝宝石水晶玻璃

表带颜色：黑色

表带材质：鳄鱼皮

表扣类型：针扣

表扣材质：950 铂金

背透：背透

防水深度：30m

LANGE 1

朗格 LANGE 1 TIME ZONE 腕表系列 116.021 18K 黄金腕表

基本信息

编号：116.021 18K 黄金
系列：LANGE 1
款式：手动机械，男士
材质：18K 黄金

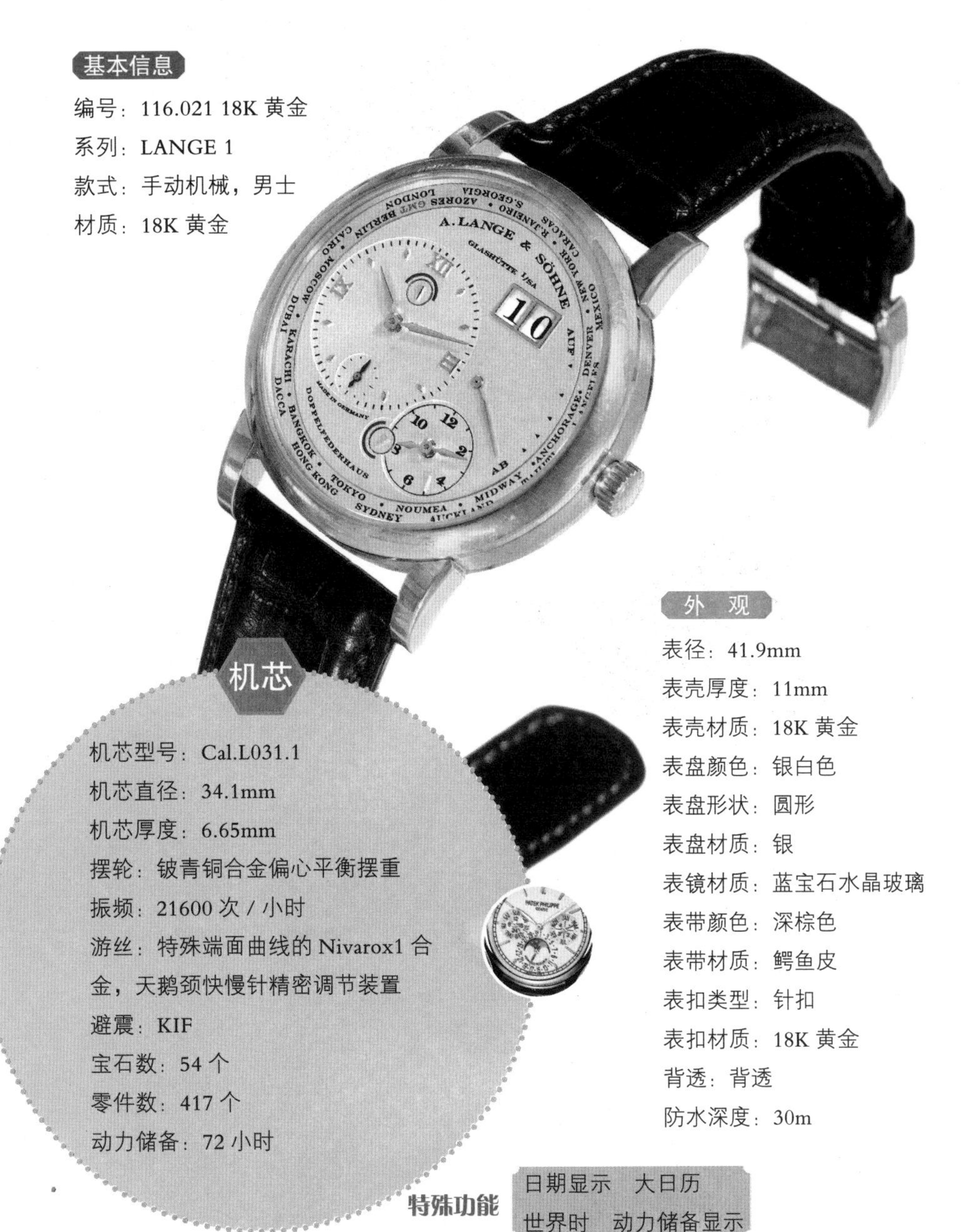

外观

表径：41.9mm
表壳厚度：11mm
表壳材质：18K 黄金
表盘颜色：银白色
表盘形状：圆形
表盘材质：银
表镜材质：蓝宝石水晶玻璃
表带颜色：深棕色
表带材质：鳄鱼皮
表扣类型：针扣
表扣材质：18K 黄金
背透：背透
防水深度：30m

机芯

机芯型号：Cal.L031.1
机芯直径：34.1mm
机芯厚度：6.65mm
摆轮：铍青铜合金偏心平衡摆重
振频：21600 次 / 小时
游丝：特殊端面曲线的 Nivarox1 合金，天鹅颈快慢针精密调节装置
避震：KIF
宝石数：54 个
零件数：417 个
动力储备：72 小时

特殊功能

日期显示　大日历
世界时　动力储备显示

1815

朗格 1815 CHRONOGRAPH 系列 402.026 18K 铂金腕表

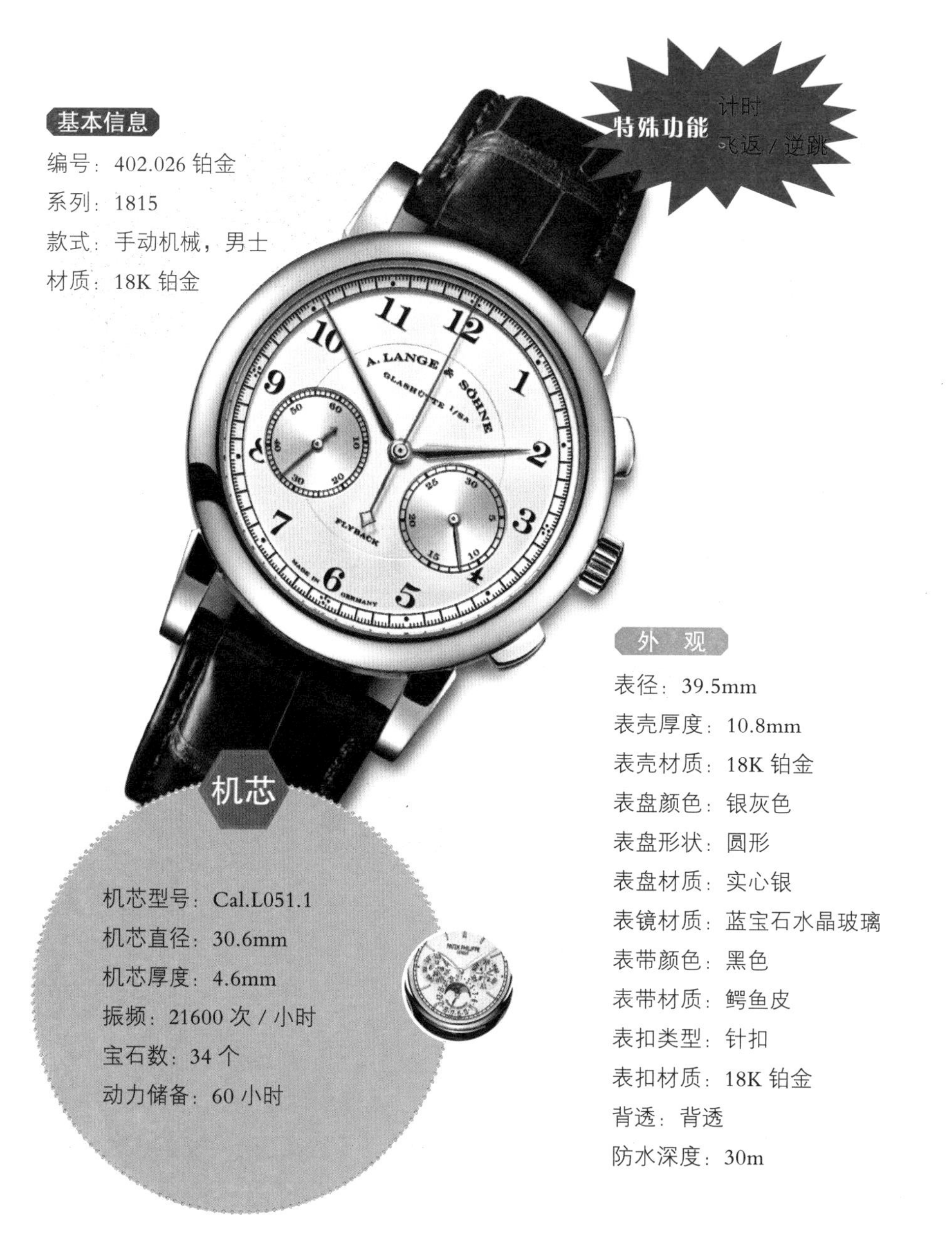

特殊功能
计时
飞返 / 逆跳

基本信息

编号：402.026 铂金
系列：1815
款式：手动机械，男士
材质：18K 铂金

机芯

机芯型号：Cal.L051.1
机芯直径：30.6mm
机芯厚度：4.6mm
振频：21600 次 / 小时
宝石数：34 个
动力储备：60 小时

外 观

表径：39.5mm
表壳厚度：10.8mm
表壳材质：18K 铂金
表盘颜色：银灰色
表盘形状：圆形
表盘材质：实心银
表镜材质：蓝宝石水晶玻璃
表带颜色：黑色
表带材质：鳄鱼皮
表扣类型：针扣
表扣材质：18K 铂金
背透：背透
防水深度：30m

格拉苏蒂
Glashütte Original

——传承 160 多年的制表工艺

中文名	格拉苏蒂
德文名	Glashütte Original
创始人	费尔迪南多·阿道夫·朗格
创建时间	1851 年
发源地	德国·格拉苏蒂镇
品牌系列	1878 Moritz Grossmann、Glashütte Original、Pano XL 42mm Collection、Pano Classic、Lady、Star Collection、Sport Evolution、Senator Sixties、Senator Navigator、参议员
品牌标识	格拉苏蒂的标识很简单，仅有“Glashütte”字样。然而，这正体现出了简约的德国精神。Glashütte 是德国钟表重镇“格拉苏蒂”的名字
设计风格	简约、精细、一丝不苟

1927 年的格拉苏蒂镇

品牌故事

1845 年，费尔迪南多·阿道夫·朗格(Ferdinand Adolph Lange)在德国政府的资助下，在德国东部格拉苏蒂镇(Glashütte)创办了德国第一家钟表厂。当时，格拉苏蒂云集了很多杰出的表匠和他们各自的制表作坊。此外，除了大师，这里还有很多表壳、指针和摆轮等钟表配件制造商。

作为德国重镇的格拉苏蒂，不仅代表着德国的制表工业，而且还是世界上最重要的制表中心之一。

但是，世界各地对德国制造的腕表需求量很大，再加上为满足镇内制表公司业务长足的发展，培养更多的优秀人才，1878 年在格拉苏蒂成立“德国制表学校”。到目前为止，这所学校为德国甚至是世界培养了无数的制表技师。格拉苏蒂镇的制表大师们努力不懈，成功创造出多款巧夺天工的作品，德国制表亦是表坛最熠熠生辉的瑰宝。

实际上，费尔迪南多·阿道夫·朗格不仅创办了德国第一家制表工厂，更重要的是他还激活了整个制表业。为了把自己的钟表做得更好，费尔迪南多·阿道夫·朗格竭诚邀请同行专业人士和其他享誉盛名的表匠参与他的计划。

朱丽亚斯·阿斯曼是费尔迪南多·阿道夫·朗格的女婿，他率先加入。此后一段时间，他一直协助岳父打理业务。1852 年，朱丽亚斯·阿斯曼自立门户，开始生产自己的怀表。他设计的怀表凭借精确无误的性能在国际上享有盛誉，在各个展览会上夺得金奖，取得的卓越成就令无数人刮目相看。

朱丽亚斯·阿斯曼

现代工艺下格拉苏蒂生产的腕表

除朱丽亚斯·阿斯曼外，格拉苏蒂还吸引了很多制表大师来为自己效劳。1863 年，格拉苏蒂设计出首款计时码表装置的腕表。

1905 年，格拉苏蒂公司开始制作怀表。这个时候的怀表，搪瓷表面采用其传统设计，共有三个部分，缀饰路易十五式黄金指针。

随着第一次世界大战的爆发，欧洲一时间烽烟四起，格拉苏蒂公司发展戛然而止。然而，纵使逆境当前也无法阻挡格拉苏蒂公司发展、前进的步伐。很快，格拉苏蒂就以崭新的形象再次问世，其新系列产品全部以工业程序生产。

第二次世界大战爆发后，德国所有的制表公司都被强制转而生产军用物资，格拉苏蒂也未能幸免。直至 1994 年，东西德合并后，格拉苏蒂才得以在表坛恢复原有名称。

凭借坚毅奋斗和精益求精的精神，格拉苏蒂很快重新屹立于表坛。当时，手表越来越流行，拥有购买力的消费者也越来越多，腕表一时间成为时尚。格拉苏蒂顺着这股风，迅速恢复元气，在世界上大大提高了知名度。

由于格拉苏蒂坚持不懈地努力，致力改革产品的精确度，最终制作出多款巧夺天工的名表。

距今，格拉苏蒂已有 160 多年的历史，德国优异的制表工艺在其身上得到了

格拉苏蒂生产的蓝宝石水晶腕表

很好的保存。格拉苏蒂所生产的每一块手表，都代表德国的最高工业标准。每一块表从发明、设计，到制作工具、生产零配件，再到产品的装配、打磨等，每一个环节都由格拉苏蒂自己完成。

在钟表界中，德国表可谓独树一帜，有着自己独特的风格。格拉苏蒂亦是如此，其每一块表的生产，都渗透着德国尖端的技术和精细的精神。格拉苏蒂生产的表不像瑞士表那样注重表盘设计，尺寸也往往不如瑞士表那样精巧。格拉苏蒂生产的手表设计比较简单、实用。直到今天，格拉苏蒂一直被人们津津乐道。

总的来说，格拉苏蒂不仅是首屈一指的制表商，更是德国精神的体现，简约、实用、一丝不苟。

格拉苏蒂生产的怀表是无数人的记忆

经典系列

Glashütte Original

格拉苏蒂 Pocket Watch N 1 系列 84-01-01-01-04 腕表

特殊功能 飞返 / 逆跳

基本信息

编号：84-01-01-01-04

系列：Glashütte Original

款式：手动机械，男士

材质：18K 玫瑰金

机芯

机芯型号：Cal.84-01

外 观

表径：56.5mm

表壳厚度：16mm

表壳材质：18K 玫瑰金

表盘颜色：白色

表盘形状：圆形

表镜材质：蓝宝石水晶玻璃

Pano XL 42mm Collection

格拉苏蒂 Pano matic lunar XL 月相腕表系列 90-02-36-12-05 腕表

基本信息

编号：90-02-36-12-05

系列：Pano XL 42mm Collection

款式：自动机械，男士

材质：精钢

机芯

机芯型号：Cal.90-02

机芯直径：32.6mm

机芯厚度：7mm

摆轮：螺钉摆轮带有 18 枚金质螺钉

振频：28800 次 / 小时

游丝：平面游丝，双鹅颈式微调器

避震：Incabloc 避震

宝石数：47 个

动力储备：42 小时

外 观

表径：42mm

表壳厚度：12.5mm

表壳材质：精钢

表盘颜色：深灰色

表盘形状：圆形

表镜材质：蓝宝石水晶玻璃

表带颜色：黑色

表带材质：鳄鱼皮

表扣类型：折叠扣

表扣材质：精钢

防水深度：30m

特殊功能 日期显示 大日历 月相

Pano Classic

格拉苏蒂 Pano Classic 系列 90-01-02-02-04 腕表

基本信息

编号：90-01-02-02-04

系列：Pano Classic

款式：自动机械，男士

材质：不锈钢

机芯

振频：28800 次 / 小时

宝石数：41 个

动力储备：42 小时

特殊功能 日期显示

表径：39.3mm

表壳厚度：11.9mm

表壳材质：不锈钢

表盘颜色：银灰色

表盘形状：圆形

表镜材质：蓝宝石水晶玻璃

表冠材质：不锈钢

表带颜色：黑色

表带材质：鳄鱼皮

表扣类型：针扣

表扣材质：不锈钢

背透：背透

防水深度：30m

Lady

格拉苏蒂 Serenade 女装腕表系列 1-39-22-04-01-04 腕表

基本信息

编号：1-39-22-04-01-04

系列：Lady

款式：自动机械，女士

材质：18K 玫瑰金

外观

表径：36mm

表壳厚度：10.2mm

表壳材质：18K 玫瑰金

表盘颜色：银白色

表盘形状：圆形

表镜材质：蓝宝石水晶玻璃

表冠材质：18K 玫瑰金，镶嵌 1 颗钻石，约 0.1 克拉

表带颜色：深棕色

表带材质：绢带

表扣类型：蝴蝶扣

表扣材质：18K 玫瑰金

背透：背透

机芯

机芯型号：Cal.39-22

机芯直径：26.2mm

机芯厚度：4.3mm

振频：28800 次 / 小时

避震：Incabloc 避震

宝石数：25 个

Star collection

格拉苏蒂四季系列 90-00-04-04-04 腕表

基本信息

编号：90-00-04-04-04

系列：Star collection

款式：手动机械，女士

材质：18K 铂金镶钻

外　观

表径：39.4mm

表壳厚度：11.2mm

表壳材质：18K 铂金镶钻

表盘颜色：粉色

表盘形状：圆形

表盘材质：珍珠贝母，镶嵌 107 颗钻石，约 0.8 克拉

表镜材质：蓝宝石水晶玻璃

表冠材质：18K 铂金，镶嵌 1 颗钻石，约 0.3 克拉

表带颜色：粉色

表带材质：鳄鱼皮

表扣类型：针扣

表扣材质：18K 铂金镶钻，镶嵌 22 颗钻石，约 0.3 克拉

背透：背透

机芯

机芯型号：Cal.90

机芯直径：32.6mm

机芯厚度：7mm

摆轮：螺钉摆轮带有 18 枚金质螺钉

振频：28800 次 / 小时

游丝：平面游丝，双鹅颈式微调器

避震：Incabloc 避震

宝石数：28 个

动力储备：42 小时

Sport Evolution

格拉苏蒂 Sport Evolution Panorama Date 大日历系列 39-42-43-03-14 腕表

基本信息

编号：39-42-43-03-14

系列：Sport Evolution

款式：自动机械，男士

材质：精钢，旋转潜水表圈

外　观

表径：42mm

表壳厚度：13.45mm

表壳材质：精钢，旋转潜水表圈

表盘颜色：黑色

表盘形状：圆形

表镜材质：蓝宝石水晶玻璃

表冠材质：精钢

表带颜色：银色

表带材质：精钢

表扣类型：针扣

表扣材质：精钢

背透：背透

防水深度：200m

特殊功能

日期显示

计时

机芯

机芯型号：Cal.39-42

机芯直径：26.2mm

机芯厚度：4.3mm

振频：28800 次 / 小时

避震：Incabloc 避震

宝石数：44 个

动力储备：40 小时

Senator Sixties

格拉苏蒂 Senator Sixties 系列 39-52-04-02-04 腕表

基本信息

编号：39-52-04-02-04

系列：Senator Sixties

款式：自动机械，男士

材质：精钢

机芯

机芯型号：Cal.39

机芯直径：26.2mm

机芯厚度：4.3mm

振频：28800 次 / 小时

避震：Incabloc 避震

宝石数：25 个

动力储备：40 小时

外　观

表径：39mm

表壳厚度：9.4mm

表壳材质：精钢

表盘颜色：黑色

表盘形状：圆形

表镜材质：蓝宝石水晶玻璃

表冠材质：精钢

表带颜色：黑色

表带材质：鳄鱼皮

表扣类型：针扣

表扣材质：精钢

背透：背透

防水深度：30m

Senator Navigator

格拉苏蒂 Senator Navigator Perpetual Calendar 万年历系列 100-07-07-05-04 腕表

基本信息

编号：100-07-07-05-04

系列：Senator Navigator

款式：自动机械，男士

材质：精钢

外 观

表径：44mm

表壳厚度：14.2mm

表壳材质：精钢

表盘颜色：黑色

表盘形状：圆形

表盘材质：镶嵌夜光材料的黑色亚光表盘，镶嵌夜光材料的蓝钢指针

表镜材质：蓝宝石水晶玻璃

表冠材质：精钢

表带颜色：深棕色

表带材质：牛皮

表扣类型：针扣

表扣材质：精钢

背透：背透

防水深度：50m

机芯

机芯型号：Cal.100-07

机芯直径：31.15mm

机芯厚度：4.2mm

振频：28800 次 / 小时

避震：Incabloc 避震

动力储备：55 小时

特殊功能

日期显示　星期显示　月份显示

年历显示　大日历　万年历　月相

参议员

格拉苏蒂 SENATOR AUTOMATIC 系列 1-39-59-01-02-04 腕表

基本信息

编号：1-39-59-01-02-04

系列：参议员

款式：自动机械，男士

材质：精钢

外　观

表径：40mm

表壳厚度：9.9mm

表壳材质：精钢

表盘颜色：白色

表盘形状：圆形

表镜材质：蓝宝石水晶玻璃

表冠材质：精钢

表带颜色：黑色

表带材质：鳄鱼皮

表扣类型：针扣

表扣材质：精钢

防水深度：50m

机芯

机芯型号：Cal.39-59

振频：28800 次 / 小时

动力储备：40 小时

Chopard

萧 邦

——朴实典雅的奢华

Chopard

中文名	萧邦
英文名	Chopard
创始人	路易斯·尤利斯·萧邦
创建时间	1860 年
发源地	瑞士·松维利耶
品牌系列	Animal World、Imperiale、艾尔顿·约翰腕、经典赛车、L.U.C
品牌标识	萧邦标识是萧邦创始人路易斯·尤利斯·萧邦的英文名，整体简单、简洁但不乏奢华
设计风格	传统、典雅、奢华

路易斯·尤利斯·萧邦

品牌故事

对于瑞士的侏罗山区来说，夏天非常短暂，而冬天特别长。200 多年前，农夫们在这里开辟了自己的第二职业——加工怀表齿轮弹簧，雕刻表壳以及为表盘涂瓷釉。

春天来临的时候，商行的人便会来到这里收集完工的机芯，然后把这些机芯投向市场。从 18 世纪开始，慢慢地有很多钟表匠来这里定居，这里也渐渐成为瑞士的制表中心。

1836 年 5 月 4 日，路易斯·尤利斯·萧邦出生了。从小他就喜欢钟表，后来，他经过不断的学习努力，年仅 24 岁便成为一名独立的钟表匠，并且，他还在侏罗山区以制表闻名的松维利耶创立了以自己名字缩写命名的钟表制作厂 L.U.C，专门生产怀表和一些精密计时器。

在家族名誉光环的照耀以及产品的高精准下，萧邦很快便在钟表业获得了良好名声。就连当时的巨头瑞士铁路公司也慕名前来向萧邦订购精密计时器。

1920 年，路易斯·尤利斯·萧邦的儿子做出了一个大胆的决定，开始设计和制造镶嵌宝石的手表。此外，他还把制表作坊从松维利耶迁到了钟表业的“首都”日内瓦。此后，萧邦的宝石手表开始渐渐进入人们视线，占据市场。

萧邦动物世界女性腕表

尽管萧邦赢得了世人的宠爱，但路易斯·尤利斯·萧邦的后代子孙并没有延续对钟表的热爱。1963年，萧邦钟表厂出售给了一个叫卡尔·舍费尔的德国人。卡尔·舍费尔是德国钟表制作家族的第三代传人，名下拥有成立于1904年的德国Eszeha。

收购萧邦钟表厂前，卡尔·舍费尔正在寻求自己的制表厂，希望脱离对瑞士钟表机芯的依赖。因此他需要找寻自己的制表厂。卡尔·舍费尔的目标是传统、品质、形象，因此和萧邦公司一拍即合。

1975年，萧邦表厂离开日内瓦，迁往梅兰·日内瓦基地。1976年，萧邦创制了首个主力系列“快乐钻石(Happy Diamonds)”。表盘之上，活动的钻石在两块透明的蓝宝石水晶之间自由地滑动。随着手腕的动作，钻石会在其中不停地游走，闪烁出诱人的光芒。

萧邦表“快乐钻石”被称为风格最独特的表中极品，它改变了以往宝石仅能静态镶于表面的设计理念，赢得了1976年德国巴登金玫瑰奖。

1996年，萧邦公司回归本源，在瑞士汝拉地区创办制表厂，专门制作“L.U.C”机芯。

2001年，萧邦推出L.U.C Tonneau腕表，该腕表搭载全世界首枚酒桶形自动上链机芯以及偏离中央的微型转陀。

工艺考究、设计奢华的萧邦表也有平易近人的一面，如专为时尚动感的年轻一族设计的运动型腕表。坚信历经百年风华的萧邦，一定还会给我们带来更多、更大的惊喜。

萧邦快乐钻石系列腕表

经典系列

Imperiale

萧邦 Imperiale 系列 384239-5003 腕表

外　观

表径：40mm
表壳厚度：10.6mm
表壳材质：18K 黄金
表盘颜色：金色镶钻
表盘形状：圆形
表镜材质：蓝宝石水晶玻璃
表带颜色：深棕色
表带材质：鳄鱼皮
表扣类型：针扣
背透：背透
防水深度：50m

基本信息

编号：384239-5003
系列：Imperiale
款式：自动机械，女士
材质：18K 黄金

机芯

机芯型号：L.U.C01.03-C
振频：28800 次 / 小时
宝石数：27 个
动力储备：60 小时

萧邦 Imperiale 系列 384240-1001 腕表

机芯

机芯型号：L.U.C01.03-C

振频：28800 次 / 小时

宝石数：27 个

动力储备：60 小时

基本信息

编号：384240-1001

系列：Imperiale

款式：自动机械，女士

材质：18K 铂金

外 观

表径：40mm

表壳厚度：10.6mm

表壳材质：18K 铂金

表盘颜色：镶钻

表盘形状：圆形

表镜材质：蓝宝石水晶玻璃

表带颜色：紫色

表带材质：鳄鱼皮

表扣类型：针扣

防水深度：50m

经典赛车

萧邦 Mille Miglia GT XL Chrono 系列 168511-3001 腕表

特殊功能

日期显示

计时

基本信息

编号：168511-3001

系列：经典赛车

款式：自动机械，男士

材质：精钢

外 观

表径：42mm

表壳厚度：12.31mm

表壳材质：精钢

表盘颜色：黑色

表盘形状：圆形

表镜材质：防眩光拱形蓝宝石水晶玻璃

表冠材质：精钢

表带颜色：黑色

表带材质：橡胶

表扣材质：精钢

背透：背透

防水深度：50m

机芯

机芯型号：ETA29842

振频：28800 次 / 小时

宝石数：37 个

动力储备：42 小时

L.U.C

萧邦 L.U.C 系列 161938-3001 腕表

基本信息

编号：161938-3001

系列：L.U.C

款式：自动机械，男士

材质：钛金属

外 观

表径：42mm

表壳厚度：11.5mm

表壳材质：钛金属

表盘颜色：银灰色

表盘形状：圆形

表冠材质：钛金属

表带颜色：黑色

表带材质：真皮

表扣类型：针扣

表扣材质：钛金属

背透：背透

防水深度：30m

机芯

机芯型号：L.U.C01.06-L

振频：57600 次 / 小时

动力储备：60 小时

萧邦 L.U.C 系列 161902–5049 腕表

基本信息

编号：161902–5049

系列：L.U.C

款式：自动机械，女士

材质：18K 玫瑰金

外　观

表径：39.5mm

表壳厚度：6.98mm

表壳材质：18K 玫瑰金

表盘颜色：图案

表盘形状：圆形

表镜材质：蓝宝石水晶玻璃

表带颜色：黑色

表带材质：鳄鱼皮

表扣类型：针扣

背透：背透

防水深度：30m

机芯

机芯型号：L.U.C96HM

机芯直径：27.4mm

机芯厚度：3.3mm

振频：28800 次 / 小时

动力储备：65 小时

萧邦 L.U.C 系列 168500–3002 腕表

基本信息

编号：168500–3002

系列：L.U.C

款式：自动机械，男士

材质：精钢

机芯

机芯型号：L.U.C3.96

机芯直径：27.4mm

机芯厚度：3.3mm

振频：28800 次 / 小时

宝石数：29 个

外观

表径：39.5mm

表壳厚度：8.5mm

表壳材质：精钢

表盘颜色：银灰色

表盘形状：圆形

表镜材质：蓝宝石水晶玻璃

表冠材质：黑色

表带颜色：黑色

表带材质：手工缝制鳄鱼皮

表扣材质：精钢

防水深度：30m

特殊功能 日期显示

《世界名表》

（修订典藏版）

编委会